U0270505

复合材料实验(应用型)

张 娜 王晓瑞 张 骋 编

上海交通大学出版社
SHANGHAI JIAO TONG UNIVERSITY PRESS

内容提要

　　本书结合复合材料综合实验和学科发展需求编著而成。全书分为6大部分，包括复合材料实验的基本知识、复合材料增强材料及基体的性能测试、复合材料界面性能测试、复合材料成型工艺实验、复合材料物理化学性能测试以及基于学科竞赛的"三创"（创新、创业、创意）实验。本书内容覆盖了复合材料研究中常用的技术和方法，既包括增强学生动手能力和操作技能的基本实验，也将国家级、国际级学科竞赛需要的模型设计等技术纳入其中。同时，本书从原材料、结构设计、制备工艺、性能检测等多角度对学生进行综合训练，培养学生的科学思维、合作精神以及精益求精的科研精神。

　　本书适用于高等院校复合材料、高分子专业的实验教学，可供材料类相关专业本科生作为教材使用。

图书在版编目（CIP）数据

复合材料实验：应用型／ 张娜，王晓瑞，张骋编
. —上海：上海交通大学出版社，2020
ISBN 978-7-313-23561-9

Ⅰ.①复⋯　Ⅱ.①张⋯　②王⋯　③张⋯　Ⅲ.①复合材
料-实验　Ⅳ.①TB33-33

中国版本图书馆 CIP 数据核字（2020）第 131988 号

复合材料实验（应用型）
FUHE CAILIAO SHIYAN（YINGYONG XING）

编　　　者：张　娜　王晓瑞　张　骋			
出版发行：上海交通大学出版社	地　　址：上海市番禺路 951 号		
邮政编码：200030	电　　话：021 - 64071208		
印　　制：江苏凤凰数码印务有限公司	经　　销：全国新华书店		
开　　本：787mm×1092mm　1/16	印　　张：7		
字　　数：173 千字			
版　　次：2020 年 9 月第 1 版	印　　次：2020 年 9 月第 1 次印刷		
书　　号：ISBN 978-7-313-23561-9			
定　　价：35.00 元			

前　　言

复合材料的显著特点是材料设计与成型工艺一体化,复合材料实验能很好地体现一体成型的优势。"复合材料实验"是提升材料类专业学生实践能力的一门课程,在国内很多院校均有开设。《复合材料实验》一书是在工程专业认证理念的基础上,充分了解新工科背景对人才的需求以及应用型复合材料专业人才培养目标的前提下,由我校复合材料专业教师、实验员及相关行业专家共同编写的一本具有树脂基复合材料专业特色的教材。

此教材着重提高学生的动手能力以及用相关理论解释实验结果的能力,包括组成复合材料的单一材料性能,以及复合材料的设计、成型、性能等。首先是复合材料前驱体性能的测试,包括树脂材料的基本性能、增强材料的基本性能以及界面性质的测试,此部分主要以验证性实验为主。然后是复合材料成型工艺实验,要求学生选择合适的成型工艺制备复合材料,此部分包括自行设计实验和验证性实验。之后是复合材料性能测试实验,包括复合材料的力学、热学以及燃烧等物理性能检测等,这类实验与复合材料基体性能以及制备工艺相呼应,让学生从结构、设计、制备以及性能四要素中掌握影响复合材料性能的关键因素。最后为复合材料结构设计实验,此部分主要根据大学生创新、创业、创意(三创)要求进行开放式设计。所有这些实验需要学生以项目的形式进行,由学生掌握实验进程,最终提供一份合格的总结报告或者写一篇小论文。

本教材充分体现了教师引导、学生为中心的教学理念,融合了学科竞赛、科创项目等内容;增加了理论分析模块,培养学生通过文献、课本、网络等资源集中精力攻克某一问题的能力;具有创新教学理念,能充分调动学生的积极性;充分体现了专业特色(热塑性树脂基复合材料),实现教、学、做一体化育人。

本书的构思和撰写是上海应用技术大学复合材料教学团队共同努力的结果。张娜负责全书的统编和定稿工作;王晓瑞和张骋参与了复合材料实验的设计、复合材料性能检测等相关内容的编写;郑晓虹参与了本书中学科竞赛实验的编写,并协助完成校稿工作;张英强参与了复合材料原材料性能测试等相关内容的编写;张建勇审阅了部分章节的内容,并在绘图等方面给予了大力支持;上海玻璃钢研究院有限公司的沈利新和马辉提供了复合材料工艺实验中的技术标准和要求。本书的编写得到了上海应用技术大学复合材料实验室以及上海玻璃钢研究院有限公司分析检测中心的大力支持。实验室人员的积极参与对提高本书中实验项目的可操作性和合理性提供了有力保障。在本书编写过程中,徐家跃、田甜、周鼎给予了大力支持和悉心指导。编者在此对他们表示衷心感谢。

由于编者水平有限,书中难免有漏误之处,敬请读者批评指正。

目　　录

第1章
复合材料实验的基本知识

1.1　复合材料实验的重要性

复合材料以其优良的性能让世人瞩目,近二十多年来快速发展,并在很多高新技术领域得到广泛应用。但从设计和应用的角度看,复合材料仍有如下几个问题需重视。

(1) 复合材料的原材料、组成、制造方法的多样性使其性能难以稳定,表现为材料性能分散性较大。

(2) 影响复合材料性能的因素很多,有关性能的设计资料难以或几乎不可能十分完备。

(3) 由于复合材料是各向异性的,这使得其在产品设计、性能计算及检验等方面都存在很大困难。

因此,发展和建立复合材料实验技术体系,使原材料的选择、性能设计、结构设计、工艺设计、实验检测成为一个完整的总体显得尤其重要。从培养复合材料专业人才的角度考虑,没有经过实验课训练的学生不能算是合格的、全面发展的毕业生。

1.2　实验方法标准化的必要性

实验是检验选材、设计和工艺效果的手段。为了保证原材料质量和成型过程中的质量控制,使每一次检验结果可靠并具信息资料交流的可信性,以及使同一性能实验数据具有可比性,有必要对实验方法建立统一的规范,包括实验方法总则、每一个具体实验要遵循的规定,以及某个实验的操作准备、实验步骤、结果计算等应遵守的规定。实验课训练严格按照国家实验标准进行,为将来在工作研究和生产实践中坚持实验标准化奠定基础。实际上,国家标准是一种法规,复合材料实验依据的是有关复合材料实验方法的国家标准,因此,实验过程要严格按照相应的国家标准进行。

1.3　影响实验结果的因素

科学的实验训练除了强调实验方法的标准化外,还应正确认识和处理影响实验结果的各种因素。

(1) 我国地域广阔,东西、南北跨越几千公里,气候、风沙、温湿度等环境条件相差很大,这势必对试样制作和实验结果带来一定的影响。因此,在重要的实验中,例如仲裁实验,往往应注明实验时的气候、温度和相对湿度,以便参考。

（2）实验方法和仪器设备状态不一定尽善尽美,标准也是由少数人员制定的,难免有不合理、不科学的地方,因此,实验中要认真观察,深入分析,不盲目跟从,也不轻易否定,要不断总结经验和积累数据。

（3）系统误差和过失误差是可以减少或避免的,这取决于实验者技能熟练程度和对待实验的态度。实验中想的办法越周密、态度越认真,则实验结果中发生过失误差的概率就越小。因此,在实验中要注意培养自己严格、缜密的作风,认真负责,细心操作,手脑并用。

（4）要科学和合理地处理测试数据,对于某些偏低或偏高数据不能随意取舍,除确属粗心过失造成的较大偏差以外,一般都须仔细观察和分析。任何测试数据都是通过一系列劳动才获得的,尊重客观事实是所有实验的第一准则。造成反常数据和反常现象的原因可能有两种:一是测试系统(含实验者和试样)出了问题;二是这就是事物本来面目的反映,其中有过去未被人注意和研究的新现象或新规律。如果确属后者,而实验者随便就舍弃了,就会与一个新发现失之交臂。

1.4　材料实验与产品实验的差异性

材料实验不能代替产品实验。一方面,材料实验的试样与产品试样在形状、尺寸、环境条件和边缘效应等方面不相同;另一方面,虽然原材料可能完全相同,但材料试样和产品试样的成型条件也不完全相同。因此,复合材料制品应做必要的产品实验。产品实验在很多情况下无国家标准可循,这就需要实验者建立合理的、能充分反映产品使用性能的实验方法。

1.5　复合材料性能实验方法总则

本总则适用于本教材中涉及的聚合物基复合材料的力学和物理性能的测定。

1）机械加工法制备试样

（1）试样的取位区应距板材边缘(已切除工艺毛边)20～30 mm。若取位区有气泡、分层、树脂淤积、皱褶、翘曲、错误铺层等缺陷,则应避开。

（2）若取位区有其特殊性,需要在实验报告中注明。

（3）聚合物基复合材料为各向异性,故应按各向异性材料的两个主方向或预先规定的方向(如板的纵向和横向)切割试样,且应严格地保证纤维方向和铺层方向与实验要求相符。

（4）实验样条应采用硬质合金刀具或砂轮片等加工,加工时要防止试样产生分层、刻痕和局部挤压等机械损伤。

（5）加工试样时,采用水冷却(禁止用油)方法;加工后,应在适宜的条件下对试样及时进行干燥处理。

（6）对试样的成型表面尽量不要加工。如必须要加工时,一般对单面进行加工,并在实验报告中注明。

2）试样筛选和数量要求

（1）实验前,试样需经外观检查,如有缺陷和不符合尺寸制备要求者,应予以作废。

（2）测试材料的性能时,每组试样应多于 5 个,也就意味着同批材料应该有 5 个有效样条。

3）实验标准环境条件

实验温度为(23±2)℃;相对湿度为 45％或 55％。

注：① 实验前,将试样在实验标准环境条件下至少放置 24 h;② 若不具备实验标准环境条件,实验前,试样可在干燥器内至少放置 24 h;③ 特殊状态调节条件按需要而定。

4）试样测量精度

（1）试样尺寸小于和等于 10 mm 时,应精确到 0.02 mm;大于 10 mm 时,精确到 0.05 mm。

（2）试样其他测量精度应按有关实验方法中的规定执行。

5）实验设备

（1）力学性能用实验设备应符合以下要求：

① 实验机载荷相对误差不得超过±1％;② 机械式和油压式实验机使用吨位的选择应使试样施加载荷落在满载的 10％～90％范围内(尽量落在满载的一边),且不得小于试验机最大吨位的 4％;③ 电子拉力实验机和伺服液压式实验机使用吨位的选择应参照该机的说明书;④ 测量变形的仪器仪表的相对误差均不得超过±1％。

（2）测量物理性能所用实验设备应符合相关标准的规定。

6）实验结果数据处理

（1）记录每个试样的性能值：X_1,X_2,$\cdots$,X_n,必要时应说明每个试样的破坏情况。

（2）算术平均值 $\overline{X}$ 计算到三位有效数字。

$$\overline{X} = \frac{\sum_{i=1}^{n} X_i}{n} \tag{1-1}$$

式中,X_i 为每个试样的性能值;n 为试样数。

（3）标准差 S 计算到两位有效数字。

$$S = \sqrt{\frac{\sum_{i=1}^{n}(X_i - X)^2}{n-1}} \tag{1-2}$$

（4）离散系数 C_v 计算到两位有效数字。

$$C_v = \frac{S}{X} \tag{1-3}$$

7）实验报告

实验报告的内容包括以下全部或部分项目：① 实验项目名称;② 试样来源及制备情况,材料品种及规格;③ 试样编号、形状、尺寸、外观质量及数量;④ 实验温度、相对湿度及试样状态调节;⑤ 实验设备及仪器仪表的型号、量程及使用情况等;⑥ 实验结果给出每个试样的性能值(必要时,给出每个试样的破坏情况)、算术平均值、标准差及离散系数。若有要求,可参考《试验结果的统计分析(ISO2602—80)》给出一定置信度的平均值置信区间。

1.6 实 验 要 求

(1) 实验室是培养学生理论联系实际、分析和解决问题的能力以及养成科学作风的重要场所,爱护实验室是学生科学道德的一部分。

(2) 学生进入实验室应自觉遵守实验室的各种规章制度,严禁在实验室内抽烟、打闹。

(3) 实验前认真阅读实验教材和实验指导书,做到有准备,未预习者不得开始实验。

(4) 在规定时间内进行指定内容的实验。

(5) 在教师指导下严格按仪器操作规程进行实验,如实记录实验数据。

(6) 实验中注意人身安全,一旦出现异常情况要及时向指导教师报告。

(7) 实验完毕,应将各种仪器开关旋回初始位置,认真填写仪器使用登记表,打扫室内卫生,教师检查合格后方可离去。

(8) 实验中注意节约用品,不准将实验物品私自带出实验室外。

(9) 听从指导教师的安排,违反规定不听劝阻者,教师应酌情批评,直至停止其实验。

1.7 安 全 守 则

(1) 进入复合材料实验室前须接受防火、防人身事故的安全教育。

(2) 实验室中易燃、易爆化学物质应远离明火及高温场地存放。

(3) 复合材料实验室中的化学药品多数具有毒性,应注意正确使用,尤其不要将过氧化物与促进剂简单混合,应适当间隔放置。

(4) 防止将短纤维弄入眼内,造成不必要的伤害。

(5) 实验室应备有专用工作服,进出实验室要换外衣,以免短纤维造成皮肤瘙痒。

(6) 认真、小心操作机械设备,防止机件、模具损伤以及机械碰伤。

第2章
复合材料增强材料及基体的性能测试

实验 1 纤维主要性能测试

实验 1.1 单丝强度和弹性模量的测定

1. 实验目的
（1）了解单丝强力仪的工作原理和操作方法。
（2）掌握单丝强度和弹性模量的测试方法。

2. 实验原理
与材料力学实验的试样相比，单丝试样的尺寸较小，因此，其测试设备也较小，但两者的拉伸过程极为相似，计算拉伸强度和弹性模量的方法也相似。

在拉伸实验中，从开始拉伸到拉伸结束过程中试样所受的最大拉伸应力为拉伸强度。

材料在弹性变形阶段，其应力和应变成正比，即符合胡克定律，此比例系数为材料的弹性模量 E：

单丝拉伸强度 σ_b 和弹性模量 E 的计算公式分别为

$$\sigma_b = \frac{4D}{\pi d^2} \tag{2-1}$$

式中，D 为断裂载荷（N）；d 为单丝直径（mm）。

$$E = \frac{\sigma_a}{\varepsilon_a} = \frac{\dfrac{4P}{\pi d^2}}{\Delta L / L_0} = \frac{4PL_0}{\pi d^2 \Delta L} \tag{2-2}$$

式中，σ_a 和 ε_a 分别为单丝弹性变形阶段结束时 a 点的应力和应变；P 为该点处的载荷（N）；L_0 为拉伸前单丝的伸直长度（mm）；$\Delta L = L_a - L_0$，为该点单丝的伸长量（mm）。

3. 实验仪器与设备
单丝强力仪、带微米刻度的显微镜或杠杆千分尺、秒表、镊子。其中，单丝强力仪是一台小型电子万能实验机，由主机、控制器和记录仪三部分组成，单丝负荷和伸长量均可显示在仪器上。它的主要技术参数有 7 个：负荷量程为 0～0.98 N；最小伸长读数为 0.01 mm；下夹持器下降速度为 2～60 mm/min，有级变速 11 档；最大行程为 100 mm；最小负荷感应量为 10^{-4} N；

走纸速度误差不大于 1‰;工业电源电压为 220 V,频率为 50 Hz。

4. 实验步骤

(1) 将单丝强力仪的主机、控制器和记录仪用 19 芯和 5 芯连线连接,通电预热 30 min。

(2) 检查强力仪的"上升"和"下降"开关工作是否正常,看下夹持器运动是否正常。用 100 g 砝码调满负荷(0.98 N),然后去砝码将负荷调零,再用 50 g 砝码校验负荷显示数是否为中间值(0.49 N)。如有误差可反复调零和调满,同时调好记录仪纵向零位和满格位。

(3) 将纤维单丝放在显微镜物台上测量单丝的直径 d,或用杠杆千分表测 d 值。

(4) 将拉伸速度设置为 2 mm/min。

(5) 按图 2-1 所示将单根碳纤维或玻璃纤维放在纸框中位粘好。至少选择 10 个试样,并编号。

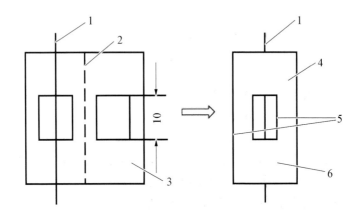

1—单丝;2—折叠处;3—纸框;4—上夹头夹处;5—剪短处;6—下夹头夹处。

图 2-1 单丝试样制作纸框图

(6) 依编号将纸框夹在主机上夹头处。慢慢上升下夹持器,使之正好夹住纸框下端。小心地剪断纸框两边,记录上下夹持器的距离 L_0。

(7) 放下记录笔和走纸阀,同时按下"下降"按钮进行拉伸。用秒表校核记录仪的走纸速度,一般要求在 20 s 之内将纤维拉断。数码管自动显示最大负荷数和断裂伸长值。记录仪记录负荷-伸长曲线。

(8) 依编号拉伸单丝,并记录每根单丝的直径、拉伸前单丝的伸直长度、断裂载荷,弹性变形阶段某点的载荷以及该点的拉伸长度。

5. 实验结果

(1) 将每根单丝的直径、拉伸前单丝长度、断裂载荷、弹性变形阶段载荷以及该点的拉伸长度记录在表 2-1 中。

(2) 依据式(2-1)和式(2-2)计算单丝拉伸强度 σ_b 和弹性模量 E。

(3) 计算单丝拉伸强度和弹性模量的算术平均值、标准差和离散系数,并记录在表 2-1 中。

6. 思考题

拉伸实验前后测量单丝直径有何差别?

表 2-1　数据记录及计算

试样名称：_____

序号	直径 /mm	断裂载荷 D/N	a 点载荷 /N	单丝起始伸直长度 L_0/mm	a 点长度 L_a/mm	拉伸强度 /(N/mm²)	弹性模量 /(N/mm²)	备注
1								
2								
3								
4								
5								
6								
7								
8								
9								
10								
平均值								
标准差								
离散系数								

实验 1.2　丝束(复丝)表观强度和表观模量的测定

1. 实验目的

(1) 了解万能实验机的使用方法。

(2) 掌握丝束表观强度和表观模量测定方法。

2. 实验原理

丝束(复丝)是一个多元体,如果直接加载拉伸,则丝束中的纤维断裂参差不齐,不容易表征其强度和模量。因此,需要将丝浸上树脂,让其黏结为一个整体,再测试其表观强度和表观模量。纤维和树脂掺杂组成的整体不是一个均匀体,该测试仅能说明丝束的基本性能。

按下式分别计算丝束的表观强度 σ_t、表观模量 E_a 和股强度 f：

$$\sigma_\mathrm{t} = \frac{D}{A} = \frac{D\rho}{t} \tag{2-3}$$

$$E_\mathrm{a} = \frac{P}{A} \cdot \frac{L_0}{\Delta L} \tag{2-4}$$

$$f = \frac{D}{n} \qquad\qquad (2-5)$$

式中,D 为断裂载荷(N);ρ 为纤维线密度(玻璃纤维和碳纤维的线密度分别为 2.55 g/cm³ 和 1.87 g/cm³);t 为丝束的线密度,$t = m/L$(g/mm 或 g/m),L 为丝束长度,m 为丝束质量;A 为丝束的横截面积(mm²),$A = t/\rho$;L_0 为测试规定的标距(mm);P 为弹性变形结束时的载荷值(N);L_a 为该点处丝束拉伸后的长度(mm);ΔL 为该点丝束的伸长量(mm),$\Delta L = L_a - L_0$,n 为丝束中所含纱的股数。

3. 实验仪器和材料

万能试验机、牛皮纸、环氧树脂及固化剂。

4. 实验步骤

1) 丝束试样准备

选定已知支数和股数的玻璃纤维或碳纤维,使之浸渍于常温固化的环氧树脂和固化剂的混合物(如 E-51 型环氧树脂 100 g、丙酮 20 g、二乙烯三胺 10 g)中。然后将已浸树脂的丝束剪成长度为 360 mm 左右的试样(共 10 根),并排放在脱膜纸上,保证丝束有 200 mm 长的平直段,用夹子夹住丝束两头,并拴一小重物使丝束伸直,在两头粘上牛皮纸(30 mm)加强(见图 2-2),放置 8 h 固化定形。

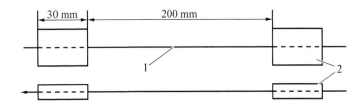

1—纤维束;2—脱模纸。

图 2-2　纤维束拉伸试验试样

2) 丝束基本物理性质的测定

(1) 用万分之一电子天平称量丝束的质量 m,用千分尺测量丝束的伸直长度 L_0。

(2) 将万能试验机的量程设为 0~500 N,拉伸速度设为 2 mm/min。

(3) 将试样上的牛皮纸加强部位夹在试验机的上下夹头处。取规定的标距(标距长度视仪器配置的应变片卡而定),精确到 0.5 mm。用应变片卡或位移计和记录仪记录拉伸时的伸长量。

(4) 记录每个样品的断裂载荷 D 和负荷变形曲线。注意断裂在夹头处的样品作废,有效试样数不能低于 5 个。

(5) 依编号拉伸,记录每个丝束的直径、原始长度、断裂载荷、弹性变形阶段结束时 a 点丝束所承受的载荷和丝束此时的长度。

(6) 学生可以测定一组不浸胶丝束的强度,观察断裂模式的不同。

5. 实验结果

(1) 将测得的丝束的质量、直径、原始长度、断裂载荷、a 点载荷以及 a 点变形量等数据记录在表 2-2 中。

（2）依据式（2-3）至式（2-5）计算丝束的表观强度、表观模量以及股强度。

（3）计算丝束表观强度、表观模量以及股强度的算术平均值、标准差和离散系数。

表 2-2　数据记录及计算

试样名称：_____　　　固化剂：_____　　　试验机：_____

序号	丝束线密度 /tex	原始长度 /mm	丝束质量 /g	断裂载荷 /N	a 点载荷 /N	a 点长度 /mm	线密度 /(g/mm)	表观强度 /(N/mm²)	表观模量 /(N/mm²)	股强度 /N	备注
1											
2											
3											
4											
5											
6											
7											
8											
9											
10											
平均值											
标准差											
离散系数											

6. 思考题

（1）分析丝束表观强度与单丝强度的区别，并用实验数据予以说明。

（2）丝束浸胶和不浸胶在拉伸实验中有什么不同现象？对数据分散性有何影响？

实验 1.3　织物厚度、面密度的测定

1. 实验目的

掌握测定玻璃纤维织物或其他纤维织物厚度和单位面积质量的方法。

2. 实验原理

在一定条件下测定织物厚度、单位面积质量有利于了解由经、纬纱松紧不匀或原纱支数不稳定而造成的材料性能波动。因此，这两个物理量常作为玻璃纤维织物技术指标中的主要项目。

织物厚度可在一个规整的织物平面上用测厚仪直接测量得到。

测量织物的单位面积质量时需剪取 $100\ mm \times 100\ mm$ 的织物，并称量其质量 m，质量与面积的比值为其单位面积质量。

3. 实验仪器及设备

织物测厚仪、分析天平。

4. 实验步骤

(1) 取一卷玻璃纤维织物,在平整桌面上展开,自然铺平,不要拉得过紧或过松。

(2) 在距织物边缘不少于 50 mm 处,用测量圆柱(直径为 16 mm)夹住织物表面,并施加 98 kPa 的压力,同时读取织物厚度值,精确到 0.02 mm;继续在同一卷织物上选择间隔为 10 mm 以上的位置处测量 10~20 个厚度值。

(3) 在自然铺平的织物上距边缘不少于 50 mm 处用 100 mm×100 mm 硬质正方形模板和锐利小刀切取织物,然后在分析天平上称量切取试样的质量,计算其单位面积质量(g/m²);继续在同一卷织物上间隔 100 mm 以上的位置取样测量,样品数不少于 5 个。

(4) 求织物的平均厚度、平均单位面积质量以及它们各自的标准差和离散系数。

5. 实验结果

(1) 将测得的织物厚度、织物面积以及织物质量记录在表 2-3 中。

(2) 计算并记录织物厚度和单位面积质量的算术平均值、标准差和离散系数。

表 2-3 数据记录及计算

试样名称: _____

序　号	厚度/mm	织物面积/mm²	织物质量/g	单位面积质量/ (g/mm²)	备　注
1					
2					
3					
4					
5					
6					
7					
8					
9					
10					
平均值		—	—		
标准差		—	—		
离散系数		—	—		

6. 思考题

(1) 工业生产预浸布时,常在宽度方向左、中、右切取三块 100 mm×100 mm 的试样并称其质量,从而简单判断预浸布的含胶量及左、中、右的含胶分布情况,这样做是否可行?

(2) 已知 T300 3K 的碳纤维线密度为 0.198 g/m,欲制作碳纤维含量为 50 g/m² 的单向布,3K 碳纤维的排列密度是多少(单位为根/cm)?

实验 1.4　纤维织物拉伸断裂强力和断裂伸长率的测定

1. 实验目的

掌握织物拉伸断裂强力和断裂伸长率的测定方法。

2. 实验原理

用拉伸实验机将织物样条拉伸至断裂,记录所需物理量。初始有效长度为在规定的预张力下,两夹具起始位置钳口之间的试样长度。断裂强力为拉伸试样至断裂时施加到试样上的最大载荷。断裂伸长率为织物受外力作用拉至断裂时,拉伸前后的织物长度变化与拉伸前织物长度的比值,通常以百分数表示,断裂伸长的长度可直接在仪器上读出,也可通过自动记录的力值-伸长曲线得出。

本实验规定了两种不同类型的试样:

Ⅰ型试样适用于硬挺织物(如线密度不小于 300 tex 的粗纱织成的网格布,或经处理剂/硬化剂处理的织物);

Ⅱ型试样适用于较柔软的织物,以便于操作,减少实验误差。

3. 实验仪器及工具

拉伸试验机、夹具、测力及记录伸长装置、取样模板、剪裁刀等。

1) 拉伸实验机

使用等速伸长(CRE)试验机,Ⅰ型试样的拉伸速度为(100±5) mm/min,Ⅱ型试样的拉伸速度为(50±3) mm/min。该试验机在规定的实验速度下应无惯性,在规定实验条件下,示值最大误差不超过 1%。

2) 夹具

夹具的宽度应大于试样宽度,夹具的夹持面应平整且相互平行,并尽可能平滑,若夹持试样不能满足要求时,可使用衬垫、锯齿形或波形夹具。纸毡、皮革、塑料或橡胶片都可作为衬垫材料。

夹具使试样的中心轴线与实验时试样的受力方向保持一致。对于Ⅰ型试样上下夹具的初始距离(有效长度)应为(200±2) mm,对于Ⅱ型试样应为(100±1) mm。

3) 模板

实验时用到的模板如图 2-3 所示,该模板用来从实验室样本上裁取过渡试样。Ⅰ型试样模板的尺寸为 350 mm×370 mm,Ⅱ型试样模板的尺寸为 250 mm×270 mm。模板应有两个槽口用于标记试样中间部分(有效长度)。

实验时用模板裁取过渡试样,再从过渡试样上裁取试样,然后对试样进行拆边使其达到标准宽度。

4. 实验步骤

1) 试样调湿

将试样放置在温度为(23±2)℃、相对湿度为(50±10)%的标准环境下调湿 16 h。

2) 试样准备

(1) 试样选取。去除待测布卷最外层(至少 1 m),裁取长约 1 m 的布段为实验室样本。Ⅰ型试样和Ⅱ型试样的尺寸要求及实验时拉伸速度如表 2-4 所示。对于Ⅰ型试样,试样长度应为 350 mm,确保试样的有效长度为(200±2) mm。试样去除毛边(试样的拆边部分)后宽度

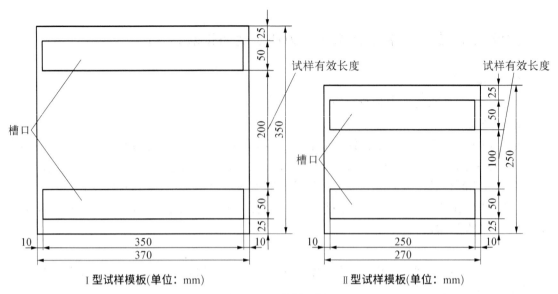

图 2-3 模板示例

应为 50 mm。对于Ⅱ型试样,试样长度应为 250 mm,确保试样的有效长度为(100±1) mm。试样去除毛边后宽度应为 25 mm。

表 2-4 试样和实验参数

实验参数	试样	
	Ⅰ型	Ⅱ型
试样长度/mm	350	250
未拆边试样宽度/mm	65	40
有效长度/mm	200	100
拆边试样宽度/mm	50	25
拉伸速度/(mm/min)	100	50

当织物的经、纬密度非常小时(低于 3 根/cm),Ⅰ型试样的宽度可大于 50 mm,Ⅱ型试样的宽度可大于 25 mm。

(2) 试样预处理。为防止试样端部被试验机夹具损坏,有必要对试样进行特殊处理,处理步骤如下所示。

① 裁取一片硬纸或纸板,其尺寸应大于或等于模板尺寸。

② 将织物完全平铺在硬纸或纸板上,确保经纱和纬纱笔直无弯曲并相互垂直。

③ 将模板放在织物上,并使整个模板处于硬纸或纸板上,用裁切工具沿模板的外边缘同时切取一片织物和硬纸或纸板作为过渡试样。对于经向试样,模板上有效长度的边应平行于经纱;对于纬向试样,模板上有效长度的边应平行于纬纱。

④ 用软铅笔沿模板上两个槽口的内侧边画线,移开模板。画线时注意不要触碰纱线。

⑤ 在织物两端长度各为 75 mm 的端部区域涂覆合适的胶黏剂,使织物的两端与背衬的硬纸或纸板粘在一起,中间两条铅笔线之间的部分不涂覆。可使用以下材料涂覆试样的端部:

a. 天然橡胶或氯丁橡胶溶液;b. 聚甲基丙烯酸丁酯的二甲苯溶液;c. 聚甲基丙烯酸甲酯的二乙酮或甲乙酮溶液;d. 环氧树脂(尤其适用于高强度材料)。也可采用如下方法涂覆试样:将样品端部夹在两片聚乙烯醇缩丁醛片之间,留出样品的中间部分,然后再在两片聚乙烯醇缩丁醛片表面铺上硬纸或纸板,并用电熨斗将聚乙烯醇缩丁醛片熨软,使其渗入织物。

⑥ 过渡试样烘干后,将其沿垂直于两条铅笔线的方向裁切成条件试样。Ⅰ型试样宽度为65 mm,制成尺寸为 350 mm×60 mm 的试样;Ⅱ型试样宽度为 40 mm,制成尺寸为 250 mm×40 mm 的试样。每个试样包括长度为 200 mm(Ⅰ型试样)或 100 mm(Ⅱ型试样)无涂覆中间部分以及两端各为 75 mm 的涂覆部分。

⑦ 细心地拆去试样两边的纵向纱线,两边拆去的纱线根数应大致相同,直到试样宽度符合要求为止。

3) 拉伸实验过程

(1) 调整夹具间距。Ⅰ型试样的间距为(200±2) mm,Ⅱ型试样的间距为(100±1) mm。确保夹具相互对准并平行,使试样的纵轴贯穿两个夹具前边缘的中点,夹紧其中一个夹具。在夹紧另一夹具前,从试样的中间或与试样纵轴相垂直的方向切断衬纸板,并在整个试样宽度方向上均匀地施加预张力,预张力大小为预期强力的(1±0.25)%,然后夹紧另一个夹具。如果强力机配有记录仪或计算机,可以通过移动活动夹具施加预张力。应从断裂载荷中减去预张力值。

(2) 启动活动夹具,拉伸试样至断裂。

(3) 记录最终断裂强力。当织物分为两个或两个以上断裂阶段时,如双层或更复杂的织物,记录第一组纱断裂时的最大强力,并将其作为织物的拉伸断裂强力。计算每个方向(经向和纬向)断裂强力的算术平均值,分别作为织物经向和纬向的断裂强力测定值(单位为 N),保留小数点后两位。

(4) 记录断裂伸长,精确至 1 mm,计算每个方向(经向和纬向)的断裂伸长率,结果保留两位有效数字。

(5) 平行测试 5 组试样。

(6) 如果有试样断裂在与两个夹具中任一夹具接触线距离小于 10 mm 处时,则在报告中记录实验情况,但计算时舍去该值,并用新试样重新实验。

注:有 3 种因素可能导致试样在夹具内或夹具附近断裂,如织物存在薄弱点(随机分布);夹具附近应力集中;夹具导致试样受损。

5. 实验结果

(1) 将测得的断裂强力、断裂伸长率记录在表 2-5 中。

表 2-5　数据记录及计算

试样名称:_____　　　　实验机型:_____
室温:_____℃　　　　调湿条件:_____%　____h

序　号	经向/纵向	试样类型	处理方式	断裂强力/N	断裂伸长/mm	断裂伸长率/%	备　注
1							
2							
3							

（续表）

序　号	经向/ 纵向	试样 类型	处理 方式	断裂强力 /N	断裂伸长 /mm	断裂伸长率 /％	备　注
4							
5							
平均值	—	—	—		—		—
标准差	—	—	—		—		—
离散系数	—	—	—		—		—

（2）计算断裂强力和断裂伸长率的算术平均值、标准差和离散系数。

实验 2　树脂基本性能测试

实验 2.1　不饱和聚酯树脂黏度的测定

1. 实验目的
（1）掌握旋转黏度计的工作原理。
（2）掌握用旋转黏度计测量不饱和聚酯树脂黏度的方法。

2. 实验原理
流体在运动状态下抵抗剪切变形的性质称为黏性，黏性的大小用黏度表示。当黏度计的转子在某种液体中旋转时，液体会产生作用在转子上的黏性扭矩。液体的黏度越大，该黏性扭矩也越大；反之，液体的黏度越小，该黏性扭矩也越小。作用在转子上的黏性扭矩可由传感器检测出来。黏度就是由一定的系数乘以黏性扭矩得到的，其中系数取决于转速、转筒或转子类型（可查阅设备说明书）。

3. 实验原料
不饱和聚酯树脂：要求试样均匀、无气泡、无杂质。

4. 实验仪器和设备
（1）旋转黏度计：转筒型或转子型。
（2）恒温水浴装置：温度控制精度为±0.5℃。
（3）温度计：测量范围为 0～50℃，最小分度值为 0.2℃。
（4）容器：用于盛放树脂。
（5）秒表。

5. 实验步骤
（1）参考附录 A 的表 A-1 选择黏度计的转筒（子）及转速，使测量读数落在黏度计满量程的 20％～90％（黏度计量程见附录表 A-2），尽可能落在 45％～90％之间。

（2）把试样装入容器，将温度调到 25℃左右，然后把容器放入温度为（25±0.5）℃的恒温水浴中，水浴面应比试样面略高。

（3）将黏度计转筒（子）垂直浸入树脂中心，浸入深度应没过转子上的刻度线，与此同时开始计时。

（4）在整个测量过程中，应将试样温度控制在（25±0.5）℃，当转筒（子）浸入试样中达8 min 时，开启马达，转筒（子）旋转 2 min 后读数。读数后关闭马达，停留 1 min 后再开启马达，旋转 1 min 后第二次读数。

（5）每个试样测量两次，计算黏度的算术平均值，取三位有效数字。

（6）每测量一个试样后，应将黏度计转筒（子）等实验用品清洗干净。

6. 实验结果

将上述实验相关条件及测量计算结果记录在表 2－6 中。

表 2－6　数据记录及计算

室内温度：	水浴温度：
试样名称：	黏度计型号：
转子型号：	转子转速：
测试结果 1：	测试结果 2：
平均值：	

7. 思考题

树脂的黏度与哪些因素有关?

实验 2.2　不饱和聚酯树脂酸值的测定

1. 实验目的

（1）了解不饱和聚酯树脂酸值的意义和影响。

（2）掌握不饱和聚酯树脂酸值的测量方法。

2. 实验原理

酸值的定义为中和 1 g 不饱和聚酯树脂试样所需氢氧化钾（KOH）的毫克数。它表征树脂中游离羟基的含量或合成不饱和聚酯树脂时聚合反应进行的程度。酸值还分为部分酸值和总酸值，其中部分酸值指中和树脂中所有羧基、游离酸以及半数游离酐的酸值。总酸值指中和树脂中所有羧基、游离酸以及全部游离酐的酸值。

1）部分酸值的测量原理

将称量的树脂溶解在溶剂混合液中，然后用氢氧化钾/乙醇的标准溶液进行滴定。反应如下：

15

按下式计算部分酸值（η_{PAV}）：

$$\eta_{\text{PAV}} = \frac{M_{\text{KOH}} \times (V_1 - V_2)C}{m_1} \tag{2-6}$$

式中，m_1 为树脂试样的质量(g)；V_1、V_2 分别为中和试样和空白试样所耗 KOH 的体积(mL)；C 为 KOH 溶液的浓度(mol/L)；M_{KOH} 为 KOH 的摩尔质量，其值为 56.1 g/mol。

2) 总酸值的测量原理

将称量的树脂溶解在含水的溶剂混合液中，在用氢氧化钾/乙醇的标准溶液进行滴定前，允许游离酸酐水解 20 min。反应如下：

按下式计算总酸值（η_{TAV}）：

$$\eta_{\text{TAV}} = \frac{56.1 \text{ g/mol} \times (V_3 - V_4)C}{m_1} \tag{2-7}$$

式中，V_3、V_4 分别为中和试样和空白试样所耗 KOH 的体积(mL)。

注：若两个平行实验测定的结果误差大于 3%（相对于平均值），则须重复操作。

3. 实验仪器及设备

分析天平、锥形瓶、容量瓶、滴定管及相关分析纯化学试剂。

4. 实验步骤

1) 试样准备

按照表 2-7 选择合适的试样质量。

表 2-7 试样质量的选择

预期的酸值(以 KOH 计)/(mg/g)	近似的试样质量/g
0~5	≥16
5~10	8
10~25	4
25~50	2
50~100	1
>100	0.7

2) 部分酸值的测量步骤

(1) 取 1 g 酚酞与 99 g 乙醇混合配成滴定终点指示剂。

（2）取甲苯和乙醇，将其以体积比 2∶1 配成混合溶剂。（使用之前，先用氢氧化钾溶液中和溶剂混合液，用酚酞作为指示剂。注意当滴定纯顺丁烯二酸聚酯树脂时，使用氢氧化钾/甲醇溶液更好。）

（3）取 0.1 mol/L 的 KOH/乙醇（或甲醇）标准测定液，使用当天标定其浓度，方法参见附录 B。在标定过程中记录所耗 KOH 溶液的体积 V 和邻苯二甲酸氢钾的质量。

（4）取适量（1～2 g）不饱和聚酯树脂盛放在容积为 250 mL 的锥形瓶中，分别用 50 mL 移液管取溶剂混合液注入树脂试样瓶中，摇动锥形瓶使之完全溶解。

（5）在已溶解的试样中加入至少 3 滴酚酞指示剂，并用 KOH 溶液滴定，直至溶液颜色变为红色并再摇动 10 s 不褪色则结束滴定操作，记录所耗 KOH 溶液的体积 V_1。平行样测试 3 组。

（6）取 50 mL 溶剂混合液，以相同的方法进行空白实验，记录所耗 KOH 溶液的体积 V_2。如果溶液混合液已进行过中和，那么空白测定时所耗 KOH 的体积为零。

3）总酸值的测量步骤

（1）取 1 g 酚酞与 99 g 乙醇混合配成滴定终点指示剂。

（2）取 400 mL 吡啶、750 mL 甲乙酮和 50 mL 水配制成溶剂混合液。

（3）取 0.1 mol/L 乙醇或甲醇的标准测定液，使用当天标定其浓度，方法参见附录 B。同样记录标定过程中所耗 KOH 溶液的体积及邻苯二甲酸氢钾的质量。（使用之前，先用氢氧化钾溶液中和溶剂混合液，用酚酞作为指示剂。注意，当滴定纯顺丁烯二酸聚酯树脂时，使用氢氧化钾/甲醇溶液更好。）

（4）取适量（1～2 g）不饱和聚酯树脂盛放在体积为 250 mL 的锥形瓶中，分别用 60 mL 移液管取溶剂混合液注入树脂试样瓶中，摇动使之完全溶解。

（5）在已溶解的试样中加入至少 5 滴酚酞指示剂，并用 KOH 溶液滴定，同时摇动，直至粉红色保持 20～30 s 不褪色则结束滴定，记录所耗 KOH 溶液的体积 V_3。平行样测试 3 组。

（6）用 60 mL 溶剂混合液以相同的方法进行空白实验，记录所耗 KOH 溶液的体积 V_4。如果溶液混合液已进行中和，那么空白测试所耗 KOH 的体积为零。

5. 实验结果

（1）在标定 KOH 浓度实验中，将邻苯二甲酸氢钾的质量和所耗 KOH 溶液的体积记录在表 2-8 中，并根据附录 B 式（B-1）计算出 KOH 的浓度。

表 2-8　测定 KOH 溶液浓度过程中的数据及计算结果

序号	邻苯二甲酸氢钾的质量 m/g	所耗 KOH 溶液的体积 V/mL	KOH 溶液的浓度 C/(mol/L)
1			
2			
3			
平均值	—	—	

（2）在部分酸值测定实验中，将不饱和树脂质量、消耗 KOH 的体积记录在表 2-9 中，并根据式（2-6）计算部分酸值。

表 2-9 测定部分酸值过程中的数据及计算结果

序号	不饱和树脂的质量 m_1/g	试样所耗 KOH 的体积 V_1/mL	空白所耗 KOH 的体积 V_2/mL	部分酸值 $\eta_{PAV}/(mg/g)$
1				
2				
3				
平均值	—	—	—	

(3) 在总酸值测定实验中,将不饱和树脂质量、消耗 KOH 的体积记录在表 2-10 中,并根据式(2-7)计算总酸值。

表 2-10 测定总酸值过程中的数据及计算结果

序号	不饱和树脂的质量 m_2/g	试样所耗 KOH 的体积 V_3/mL	空白所耗 KOH 的体积 V_4/mL	总酸值 $\eta_{TAV}/(mg/g)$
1				
2				
3				
平均值	—	—	—	

(4) 求 KOH 溶液浓度、部分酸值以及总酸值的平均值。

6. 思考题

测定不饱和聚酯树脂酸值的意义是什么?

实验 2.3 环氧树脂环氧值的测定

1. 实验目的

(1) 了解环氧树脂环氧值的意义及影响。
(2) 掌握环氧树脂环氧值的测量方法。

2. 实验原理

环氧值 E 为 100 g 环氧树脂中所含环氧基团的物质的量。高氯酸标准滴定液与溴化四乙铵作用所生成的初生态溴化氢同环氧基的反应如下所示。

$$(C_2H_5)_4NBr + HClO_4 \longrightarrow (C_2H_5)_4NClO_4 + HBr$$

$$\underset{\displaystyle O}{-CH-CH_2} + HBr \longrightarrow \underset{\displaystyle OH}{-CH}-CH_2-Br$$

一旦高氯酸过量,HBr 就过量,溶液颜色就会发生变化。利用空白实验与试样所耗高氯酸的差值可计算样品的环氧值:

$$E = \frac{(V_1 - V_0)C}{10m} \qquad (2-8)$$

式中,m 为环氧树脂的质量(g);C 为高氯酸标准溶液的浓度(mol/L);V_1、V_0 分别为试样和空白实验所耗高氯酸溶液的体积(mL)。

3. 实验仪器和设备

电子天平、滴定管、锥形瓶、移液管及相关分析纯化学试剂。

4. 实验步骤

(1) 高氯酸溶液的配置:取 8.5 mL 质量分数为 70% 的高氯酸水溶液放入容积为 1 000 mL 的容量瓶中,再加入 300 mL 冰乙酸,摇匀后再加 20 mL 乙酸酐,继续加入冰乙酸至 1 000 mL 刻度处,得到高氯酸溶液。

(2) 称取一定质量(m)的邻苯二甲酸氢钾(相对分子质量为 204.22),用冰乙酸溶解,再用高氯酸溶液滴定至显绿色,所耗高氯酸溶液的体积为 V,则高氯酸溶液的浓度 C(单位为 mol/L)为

$$C = \frac{1\ 000m}{V \times 204.22} \qquad (2-9)$$

(3) 准备指示剂:将 100 mL 冰乙酸与 0.1 g 结晶紫溶解后作为滴定指示剂。

(4) 取 100 g 溴化四乙铵溶于 400 mL 冰乙酸中,加几滴结晶紫指示剂。

(5) 称取 0.5 g(精确至 0.2 mg)环氧树脂,并将其放入烧瓶中,加入 10 mL 三氯甲烷溶解环氧树脂,向烧瓶中加入 20 mL 冰乙酸,再用移液管移入 10 mL 溴化四乙铵溶液,然后立即用已标定的高氯酸溶液滴定,当烧瓶中的溶液由紫色变为稳定的绿色时滴定结束。记下所耗高氯酸溶液的体积 V_1。

(6) 重复两次步骤(5),共做三个平行实验。

(7) 空白实验:取 10 mL 三氯甲烷、20 mL 冰乙酸以及 10 mL 溴化四乙铵溶液放入烧瓶中,立即用高氯酸滴定,当烧瓶中溶液颜色由紫色变成稳定的绿色时滴定结束。记录所耗高氯酸溶液的体积 V_0。

5. 实验结果

(1) 在高氯酸溶液浓度标定实验中,将邻苯二甲酸氢钾的质量 m 和所耗 $HClO_4$ 溶液的体积 V 记录在表 2-11 中,并根据式(2-9)计算高氯酸溶液的浓度 C。

表 2-11　测定高氯酸溶液浓度过程中的数据及计算结果

序号	邻苯二甲酸氢钾的质量 m/g	所耗高氯酸溶液的体积 V/mL	高氯酸溶液浓度 C/(mol/L)
1			
2			
3			
平均值	—	—	

(2) 在环氧值实验中,将不饱和树脂质量 m、高氯酸标样的消耗体积记录在表 2-12 中,

并根据式(2-8)计算环氧值。

表 2-12　环氧值实验数据及计算结果

序号	环氧树脂的质量 m/g	试样所耗高氯酸溶液的体积 V_1/ml	空白所耗高氯酸溶液的体积 V_0/ml	环氧值 E
1				
2				
3				
平均值	—		—	

6. 思考题

(1) 测定环氧值的意义是什么?

(2) 环氧值与环氧当量有何关系?

实验 2.4　环氧树脂热固化制度的制订

1. 实验目的

(1) 了解树脂高温固化的机理。

(2) 学习使用综合热分析仪,并掌握分析实验结果的基本方法。

2. 实验原理

固化度是评价环氧树脂配方优劣的主要指标。因此,如何检测树脂的固化度和采用哪种固化制度使树脂达到指定固化度一直是复合材料研究中的两个主要问题。

无论是亲核试剂还是亲电子试剂作为固化剂,环氧树脂固化时的交联反应都会放热,因此在加热升温过程中用热分析仪对比试样与惰性参比物之间的差别,从该差别中可以分析出树脂在加热条件下交联反应的进程和反应动力学信息,由此制订出该树脂配方热交联固化时加热升温的基本程序。这个加热升温程序常被称为树脂的热固化制度,不同固化制度下的树脂固化度不同。

DTA(差热分析法)和 DSC(差示扫描量热法)曲线相似又有差别,但两者都能指示三个重要温度,即开始发生明显交联反应的温度 T_i、交联反应放热(或吸热)的峰值温度 T_p 和反应终止的温度 T_f。通常情况下,环氧树脂与固化剂一经混合就开始缓慢地发生交联反应,只是常温下反应很慢。曲线上的峰值温度 T_p 是仪器散热、加热、反应热效应的综合反映,可以认为是交联反应放热最多的那一时刻。随着时间的推移,试样反应热逐渐减少,系统的温度又趋于平衡,T_f 点被认定为该试样固化交联完成的标志。

在实际生产和科研中,环氧树脂的固化并不是总处在等速升温的环境中,而是在某一温度下保温一段时间。最典型的一个固化工艺温度如图 2-4 所示。

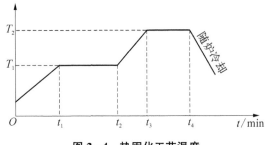

图 2-4　热固化工艺温度

图中 $T_i < T_1 < T_p$，$T_2 \geqslant T_p$。通常通过调节 T_2 保温区持续时间的长短可以适当调节树脂的固化度。但是，影响固化的因素还有很多，如样件大小、形状、材料厚度、加热方式等。

3. 实验仪器

综合热分析仪、分析天平。

4. 实验步骤

1）环氧树脂配方的准备

环氧树脂配方的主要组分是树脂和固化剂，辅助组分有增韧剂、固化促进剂以及阻燃剂等。实验时，最好不要选择室温固化剂，也不要选择 200℃ 以上交联反应的固化剂。

（1）称取环氧树脂 E-51 若干克。

（2）按环氧值计算公式得出所选胺类固化剂的用量，称取固化剂及其他所需成分。环氧值计算公式为

$$m = \frac{M}{n} \times E$$

式中，m 为每 100 g 环氧树脂所需胺类固化剂的质量，M 为固化剂相对分子质量；n 为胺基上的活泼氢原子数；E 为环氧树脂的环氧值。

（3）将所有成分放入容器中混合均匀，待用。

2）热分析实验

进行热分析实验时，根据实验室仪器状况，测试材料的 DTA 或 DSC 曲线均可。

（1）打开循环水泵电源开关（先上后下），轻按面板上"OK"钮，使水温升高到设定温度。

（2）打开仪器电源开关，等面板指示灯亮后，左手按住上升钮，同时右手按住仪器升降按钮，使炉体上升到顶部位置，将炉体转向左侧。

（3）打开加热炉，轻轻放入试样和参比物，试样放在 DSC 杆的前侧，参比物放在后侧。

（4）关好加热炉，注意不要碰坏支持器，再将炉体转向正面，左手按住下降钮，同时右手按住仪器升降按钮，使炉体下降到底部位置。

（5）打开测试软件程序，输入样品名称、操作者姓名、升温速度、实验温度范围、试样质量等参数，同时按一定流速通氮气。

（6）按动电脑上的启动键，开始实验。

（7）实验进行到 T_f 之后停止加热。

（8）如需重做实验，则必须打开加热炉，使加热炉和支持器冷却到室温，才可重复上述操作。

（9）测试结束后关闭仪器电源，关闭循环水泵电源（先下后上）。

5. 实验结果

（1）记录树脂配方。

（2）记录 DSC 测试曲线图并进行如下分析。

① 从热分析曲线中找出你所选定的环氧树脂配方的 T_i、T_p 以及 T_f。

② 与同组同学比较不同条件下同一配方的 DSC 曲线的差别，了解不同操作条件对实验结果的影响。

③ 假如采用你的配方制备复合材料，你将制定一个什么样的固化制度呢？详细说明其

理由。

④ 若将不同质量的试样在相同条件下反应,估计交联反应过程中从 T_i 到 T_f 所持续的时间与试样质量的关系。

⑤ 从得到的 DSC 曲线上计算交联反应热,以 J/g 为单位表示。

$$\left(\int_{t_1}^{t_2} \Delta\omega \mathrm{d}t = \int_{T_i}^{T_f} \mathrm{d}H \right)$$

6. 注意事项

(1) 实验中应检查气体的通入情况,保证气体通畅,将炉内挥发分带出炉体,起到保护作用。

(2) 盛样品的坩埚放到 DSC 杆上时,应特别小心,以防损坏 DSC 杆。

(3) 实验过程中不要碰触实验桌,以防引起仪器晃动,影响实验数据的准确性。

7. 思考题

(1) DSC 测试时参比物与试样质量是否需要一致?

(2) 如何解析热分析曲线?

(3) 酚醛树脂固化的三个阶段对实际生产的指导意义是什么?

实验 2.5　酚醛树脂挥发分、树脂含量和固含量的测定

1. 实验目的

(1) 掌握对酚醛树脂几个重要技术指标的测定方法。

(2) 掌握酚醛树脂由 B 阶向 C 阶过渡时小分子释放的原理。

(3) 理解树脂含量和固体含量的不同含义。

2. 实验原理

酚醛树脂由于苯酚上羟甲基(—CH_2OH)的作用而不同于其他树脂,在加热固化过程中两个—CH_2OH 作用将会脱下一个 H_2O 和甲醛(CH_2O),甲醛又会与树脂中苯环上的活性点反应生成一个新的—CH_2OH。酚醛树脂整个固化过程分三个阶段:A 阶、B 阶、C 阶。

A 阶树脂为酚和醛经缩聚、干燥脱水后得到的树脂,可呈液体、半固体或固体状,受热时可以熔化,但随着加热的进行,由于树脂分子中含有羟基和活泼的氢原子,其又可以较快地转变为不熔状。A 阶树脂能溶解于酒精、丙酮及碱的水溶液中,它具有热塑性,又称为可溶性树脂。

B 阶树脂为 A 阶树脂继续加热,分子上的—CH_2OH 在分子间不断相互反应而交联的产物。它的分子结构比可溶酚醛树脂要复杂得多,分子链产生支链,酚已经开始充分发挥其 3 个官能团的作用。它不能溶于碱溶液中,可以部分或全部溶于酒精、丙酮中,加热后能转变为不溶的产物。B 阶树脂热塑性较可溶性树脂差,又称为半溶性树脂。

C 阶树脂为 B 阶树脂进一步受热,交联反应继续深入,具有较大相对分子质量和复杂网状结构的树脂。它完全硬化,失去热塑性及可溶性,为不溶的固体物质,又称为不溶性树脂。

3. 实验仪器和设备

分析天平、干燥箱、秒表、称量瓶或坩埚等。

4. 实验步骤

1) 树脂含量的测定

取恒重的称量瓶,称其质量为 m_1;取 1 g 左右的 A 阶酚醛树脂溶液于称量瓶中,称其质量为 m_2,然后将它放入 (80 ± 2)℃的恒温烘箱中处理 60 min;取出称量瓶放入干燥器中冷却至室温,称其质量为 m_3。树脂含量 R_c 指去除挥发溶剂后测出的溶液中树脂含量的百分比,即

$$R_c = \frac{m_3 - m_1}{m_2 - m_1} \times 100\% \tag{2-10}$$

2) 固体含量的测定

将质量为 m_3 的试样再放入 (160 ± 2)℃恒温烘箱中处理 60 min;取出称量瓶在干燥器中冷却至室温后称其质量为 m_4。固体含量 S_c 是指 A 阶树脂进入 C 阶后树脂含量的百分比,即

$$S_c = \frac{m_4 - m_1}{m_2 - m_1} \times 100\% \tag{2-11}$$

3) 挥发分的测定

挥发分 V_c 指 B 阶树脂进入 C 阶过程中放出的水和其他可挥发的成分的质量占 B 阶树脂质量的百分比,即

$$V_c = \frac{m_3 - m_4}{m_3 - m_1} \times 100\% \tag{2-12}$$

高温固化绝对脱水量 (m_3-m_4) 和溶剂量 (m_2-m_3) 与树脂溶液总量 (m_2-m_1) 之比称为总挥发量 F_c,则

$$F_c = \frac{m_2 - m_4}{m_2 - m_1} \times 100\% \tag{2-13}$$

由上述可知,V_c 与 F_c 有很大的区别。

5. 实验结果

(1) 在表 2-13 中记录实验过程中不同阶段物质的质量,并按照式(2-10)~式(2-13)计算其树脂含量、固含量、挥发分、总挥发分等。

(2) 计算上述四个指标的平均值并记录在表 2-13 中。

表 2-13　实验的数据记录及计算

序号	m_1/g	m_2/g	m_3/g	m_4/g	树脂含量 R_c/%	固体含量 S_c/%	挥发分 V_c/%	总挥发量 F_c/%
1								
2								
3								
平均值	—	—	—	—				

实验 2.6　酚醛缩聚反应动力学实验

1. 实验目的

(1) 掌握测定缩聚反应动力学级数的方法。

(2) 学习用盐酸羟胺法测定甲醛的含量。

2. 实验原理

酚醛树脂是苯酚和甲醛反应生成的缩聚物,是应用逐步聚合反应生成聚合物的最早例子之一。在缩聚反应中,由于存在多于两个官能团的单体,故能形成支化或交联等非线型结构产物。这种生成支化或交联结构的缩聚反应称为体型缩聚。当反应进行到一定程度时,有凝胶生成,可以通过单体不同的配比或控制反应程度得到性能不同的反应产物。

当以盐酸为催化剂,甲醛与苯酚的物质的量之比小于 1 时,苯酚同甲醛的反应分下列几个阶段进行。

羟甲基酚的生成:

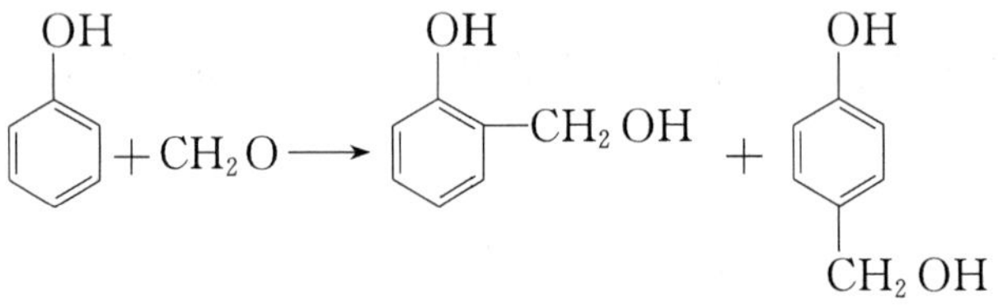

二酚基甲烷的生成:

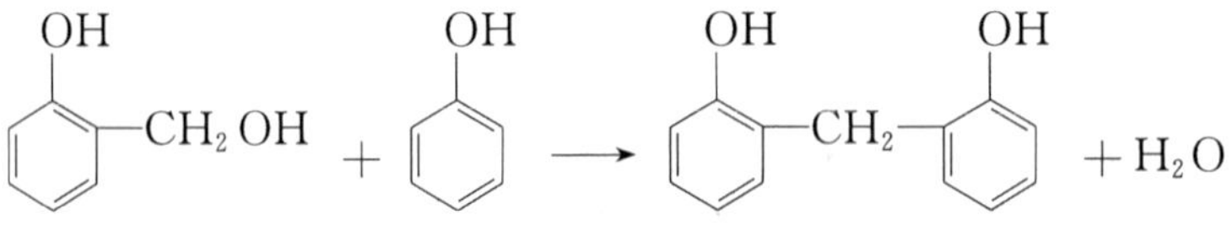

Novolak 树脂的生成:

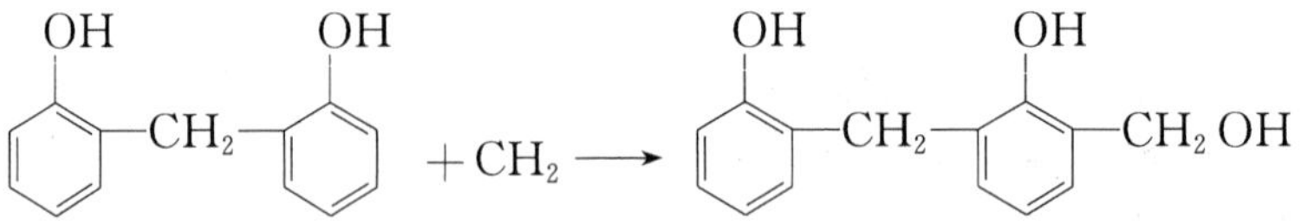

继续反应生成线型大分子:

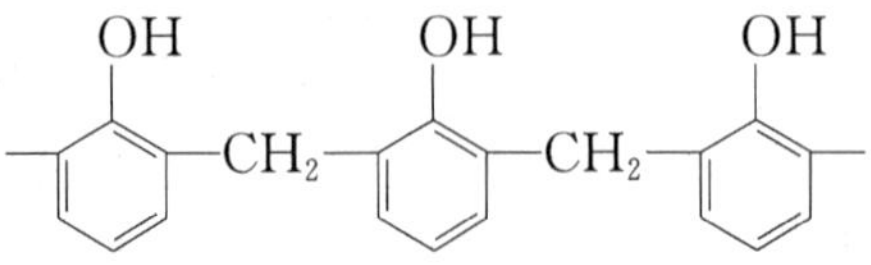

对位和邻位的反应是无规律的,Novolak 树脂的相对分子质量可以高达 1 000 左右。以上这些产物本身不能进一步反应生成交联产物,但当甲醛和苯酚的物质的量之比大于 1 时,则可得到体型产物。因此,需要再加入一定量甲醛或六次甲基四胺等作为交联剂。

当用碱作催化剂且甲醛与苯酚的物质的量之比大于 1 时,苯酚同甲醛的反应如下。

羟甲基酚或多羟甲基酚的生成：

通过甲基桥或醚链进一步缩合：

继续反应生成体型聚合物：

甲醛浓度的测定依据下列反应：

$$\underset{\text{CH}_2}{\overset{\text{O}}{\|}} + \text{NH}_2\text{OH} \cdot \text{HCl} \longrightarrow \text{H}_2\text{C}=\text{NOH} + \text{HCl} + \text{H}_2\text{O}$$

产生的 HCl 用标准碱溶液滴定即可用下式求出甲醛的浓度。

$$C_{CH_2O} = 0.03(V - V_0)C_{NaOH} \qquad (2-14)$$

式中，C_{CH_2O} 为甲醛含量(g/mL)；V_0 为空白滴定所消耗 NaOH 标准溶液的体积(mL)；V 为滴定样品时消耗 NaOH 标准溶液的体积(mL)；C_{NaOH} 为标准溶液的浓度(mol/L)。

3. 实验仪器及试剂

500 mL 三口烧瓶、回流冷凝管、锥形瓶、移液管、试管、苯酚、甲醛溶液、氨水、乙醇、盐酸羟胺、NaOH 标准溶液。

4. 实验步骤

1) 缩聚反应

(1) 将 47 g 苯酚、80 mL 质量分数为 30% 的甲醛溶液先后倒入装有搅拌器、回流冷凝管和温度计的 500 mL 三口烧瓶中，搅拌升温至 97℃。立即取出 5 mL 混合物，放入一个清洁干燥的试管中，该样品编号为"00"。

(2) 用 2 mL 移液管取 1.0 mL 质量分数为 25% 的氨水放入上述三口烧瓶中，搅拌均匀后立刻取样，该样品编号为"0"，此后在下列反应时刻：2 min、10 min、20 min、40 min、60 min、80 min、120 min，分别取样 5 mL 并依次编号。在整个取样过程中，瓶内反应物的温度要保持恒定。

2) 样品滴定

(1) 取出样品后，立刻将盛有样品的试管放入冷水中，使温度降至室温从而使反应停止。这时用移液管准确取 1 mL 样品液，放入事先准备好的乙醇(20 mL)和溴酚蓝(3 滴)的混合溶液(10% 乙醇溶液)中，这时溶液呈蓝色，用稀酸调 pH 值使指示剂刚好变为黄色。

(2) 向上述含溴酚蓝指示剂的混合溶液中缓慢加入 7 mL 10% $NH_2OH \cdot HCl$ 的水溶液(用滴定管加入)，并混合均匀，静置 10~20 min(所有样品静置时间一致)，静置期间振荡 1~3 次，然后用 0.3 mol/L 的 NaOH 标准溶液进行滴定，当溶液颜色变为蓝色时停止滴定，并记录所耗 NaOH 标准液的体积 V。

(3) 对不同反应时刻的样品滴定两次后取平均值，并做空白实验作为对比，记录空白实验所耗 NaOH 标准液的体积 V_0。

5. 数据处理

(1) 将实验过程中的数据记录在表 2-14 中，并根据式(2-14)计算甲醛含量。

(2) 以 $1/C_{CH_2O}$ 为纵坐标，反应时间 t 为横坐标作图，说明酚醛树脂的反应动力学。

表 2-14 实验数据记录及计算结果

空白实验所耗 NaOH 标准液的体积 V_0：_____

编号	反应时间 t/min	所耗 NaOH 标准液的体积 V/mL	甲醛剩余量 /(g/mL)	甲醛浓度 C_{CH_2O}/(mol/L)	$1/C_{CH_2O}$
00	—				
0	0				
1	2				

（续表）

编号	反应时间 t/min	所耗 NaOH 标准液的体积 V/mL	甲醛剩余量 $/(\text{g/mL})$	甲醛浓度 $C_{CH_2O}/(\text{mol/L})$	$1/C_{CH_2O}$
2	10				
3	20				
4	40				
5	60				
6	80				
7	120				

6. 思考题

（1）试分析酚醛缩聚反应动力学曲线不是理想直线的原因。

（2）简述分别用酸、碱作为催化剂进行酚醛缩聚反应得到的聚合物有何不同。

第 3 章
复合材料界面性能测试

实验 3　表面处理及表面张力的测定

1. 实验目的

(1) 掌握测定液体表面张力的方法。

(2) 了解对于表面状态不同的固体,液体对其附着力的差别,进一步理解对固体表面进行处理的意义。

2. 实验原理

从力的角度来理解,表面张力是作用在单位长度表面上的收缩力,它与该物质的浓度、温度等相关,因此在测试报告中要注明实验时的状态。

一个金属环(如铂金丝环)浸入某种能浸润该金属环的液体中,将该环以环平面平行与液表面的状态从液体中提出时需施加一定的提拉力才能完成,该提拉力 f 是液体表面张力的作用结果。测量出这一提拉力 f 后可结合金属环的具体参数按式(3-1)计算该液体的表面张力。

$$\gamma_L = \frac{f}{4\pi(R' + r)} \qquad (3-1)$$

式中,γ_L 为液体的表面张力(N/cm);f 为将环提拉出液体所需的力(N);R' 为圆环的内径(cm);r 为圆环金属丝(环丝)的半径(cm)。

当提拉力 f 与悬挂在环上的液体自身的重力($V\rho g$)大小相等方向相反时,则液体环膜将被拉断。由于液体悬挂的体积 V 与圆环的几何尺寸相关,因而在计算表面张力时需要加以校正,其校正因子 F 可从表 3-1 中查出。校正后的表面张力计算公式如下:

$$\gamma_L = \frac{fF}{4\pi(R' + r)} \qquad (3-2)$$

表 3-1　圆环法的校正因子 F

R^3/V	F		
	$R/r=32$	$R/r=42$	$R/r=50$
0.3	1.018	1.042	1.054
0.5	0.946	0.973	0.987

（续表）

R^3/V	F		
	$R/r=32$	$R/r=42$	$R/r=50$
1.0	0.880	0.910	0.929
2.0	0.820	0.860	0.880
3.0	0.783	0.828	0.852

注：$R = R' + r$。

理想状态下，液体的表面张力是一个定值，与测量时所用金属环的材料无关。但是用圆环法测量表面张力时涉及固-液界面的吸附力。当被测液体对圆环的附着力 f' 小于式（3-1）中的提拉力 f 时，则测量时提拉圆环就不能将液体膜拉断，而是液体从圆环上滑脱。因此，用圆环提拉法测量表面张力的先决条件是 $f' \geqslant f$，这也是式（3-1）和式（3-2）能够成立的前提条件，也是为什么要在实验前彻底清洁铂金环的原因。

为慎重起见，用环形金属提拉法测定的表面张力值应与文献值比较一下，确保实验的可靠性。

3. 实验仪器

界面张力仪（见图 3-1）、游标卡尺、分析天平。

界面张力仪又称扭力天平，仪器上施加的力是由钢丝扭转产生的扭力，该扭力与铂金环施加的表面张力相平衡。当扭力增加，液面被拉破时，钢丝扭转的角度由游标指示出来，此值就是该液体的表面张力值，单位为 N/m。长期使用该仪器，钢丝会产生扭转损伤，尤其是极度扭转时超过了钢丝弹性扭转的极限，这时就需要校正或更换钢丝。

4. 实验步骤

1）前期准备

（1）仪器放置。将界面张力仪放在平稳的平台上，调节水平螺丝 E 使仪器处于水平状态。

（2）仪器初始化。将珀金环挂在吊杆臂的下端，取一小纸片（0.1 g 左右）放在铂金环上，打开臂的制止器 J 和 K，使钢丝自由作用在臂上，用放大镜 R 看指针 L 与反射镜上的红线是否重合，若重合则此时刻度盘上的游标正好指为零；如果不重合，则调整微调涡轮把手 P，使之为零。

（3）仪器校正。在珀金环上放一小纸片，纸片上放一定质量的砝码，此时就相当于对珀金环上施加了一个往下的作用力 mg；轻旋涡轮把手，直到指针与反射镜上的红线重合，记下此时刻度盘上游标

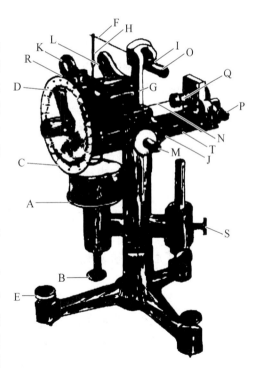

A—样品座；B—样品座螺丝；C—刻度盘；D—游标；E—水平螺丝；F—臂 1；G—臂 2；H—臂 3；I—调节臂 1 长的螺母；J—臂的制止器(1)；K—臂的制止器(2)；L—指针；M—涡轮把手；N—钢丝；O—游标；P—微调涡轮把手；Q—固定螺丝手母；R—放大镜；S—样品固定器；T—水平观察泡。

图 3-1　界面张力仪

的读数 P(精确到 0.1 分度)。此时如仪器正常,则刻度盘上的数据应与公式 $P=mg/2L$ 计算的数据一致,式中 m 为砝码和小纸片的质量,g 为当地重力加速度,L 为铂金环周长。若该数值与刻度盘读数不一致,就应该调节钢丝的长度:刻度盘读数偏大,则应缩短钢丝长度;反之亦然。反复调几次直到刻度盘上读数与质量校正计算值一致。

(4) 清洗实验用品。将盛试样的玻璃杯和珀金圆环用洗液浸洗,并用蒸馏水冲洗三遍后在 100℃的干净烘箱中烘干待用。推荐洗液的配比:10 mL 饱和重铬酸钾溶液和 90 mL 质量分数为 85%的硫酸混合均匀。实践证明,洁净的铂金环与液体有较高的吸附力,不洁净的铂金环与液体的界面吸附力较低。

2) 表面张力的测定

(1) 将待测液体倒入玻璃杯中,液体高度约为 25 mm,将玻璃杯放在样品座中间;旋转样品座升降螺母 B,使铂金环浸入液体中,此时指针和反射镜红线重合;缓缓旋转把手 M 增加钢丝的扭力并使铂金环拉紧,缓缓提起,这时指针始终与红线重合;继续施加扭力直到珀金环与液体形成的膜破裂,此时读下刻度盘上的值 P,P 为未校正的表面张力值,即 $P=r_L=f/[2\pi(R'+r)]$。将该步骤重复 3 次,取平均值。

(2) 对比实验。为了让学生理解"能浸润该金属环"的物理意义。在此用同一种液体与不同金属圆环或不同表面状态的同一金属环做对比试验,加深学生对表面处理重要性的认识。

取一个不干净甚至用油污染了的珀金环测量上述同一液体的表面张力,记录刻度盘读数。分别用干净的钢丝环、铜丝环测定上述液体的表面张力,并比较讨论。

(3) 混合液体测试实验。取两种不相溶的液体(其中一种为水),将铂金环浸于下面液体中,然后慢慢提拉至两种液体交界处,此时有两种情况:① 若水在下面则继续往上提铂金环;② 若水在上面,则铂金环靠旋转 B 往下走直至指针 L 与红线重合,然后加大扭力使界面膜破裂,读取刻度盘上的值。将所测数据与在水中所测结果进行比较。

3) 表面张力的校正

(1) 测量铂金环的内径 R' 和环丝的半径 r,从表 3-1 中查到相应的校正因子 F,其中 $V=f/\rho g$,$f=\rho \times 4\pi(R'+r)$,ρ 为测定液体的密度,g 为重力加速度。

(2) 计算实际的表面张力:$\gamma_L=\rho F$。

4) 整理

实验完毕后应使扭力钢丝处于不受力的状态,扭力钢丝切忌扭转 360°以上。

5. 实验结果

(1) 记录从仪器设备上直接读出的表面张力。

(2) 对所测得的表面张力进行校正。

(3) 记录实验过程中观察到的主要现象。

实验样品:_____

表面张力 1:_____

表面张力 2:_____

表面张力 3:_____

表面张力(平均):_____

校正后的表面张力:_____

实验现象：_____

6. 思考题

（1）测量表面张力的金属环一定要用铂金环吗？为什么？

（2）测定某一液体表面张力后测试另一液体表面张力时，是否需洗净铂金属环？

（3）简述测定条件对表面张力的影响。

实验 4　纤维与稀树脂溶液之间接触角的测定

1. 实验目的

（1）掌握纤维与稀树脂溶液之间接触角的测量方法。

（2）掌握测定固体表面张力 γ_g 的方法及操作流程。

（3）了解固-液界面浸润状态。

2. 实验原理

增强纤维被液体树脂浸润的状态是复合材料学中的重要研究内容之一。目前在生产过程中已对碳纤维和高强玻璃纤维进行表面处理（偶联剂），大部分玻璃纤维和玻璃纤维织物是用石蜡乳剂处理的。为了改善复合材料增强相和连续相的相互作用，了解树脂与纤维的浸润状态是很有必要的。虽然用黏附功 W_{SL} 表征浸润性比较合理，但目前 W_{SL} 还不可能被直接测定。接触角也可以直观表征树脂对纤维的浸润性，Young‑Dupre 公式描述了黏附功 W_{SL} 和接触角 θ 之间的关系：

$$W_{SL} = \gamma_L(1 + \cos\theta) \tag{3-3}$$

式中，γ_L 为液体的表面张力。

本实验测量一系列已知表面张力的液体与同一种纤维的接触角，当 γ_L 不同时，θ 不同，以 γ_L 为纵坐标，θ 为横坐标作一条直线，将此直线延长至 $\theta = 0°$，此时的表面张力称为临界表面张力 F_c，即 $\gamma_L(0°) = \gamma_c$。Zisman 通过式（3‑4）认为该临界表面张力接近固体的表面张力 γ_S。

$$\cos\theta = 1 + b(\gamma_c - \gamma_L) \tag{3-4}$$

式中，b 为固体物质的特性常数。

结合式（3‑3）和式（3‑4）可以求出固-液接触的黏附功 W_{SL}，从而了解树脂对纤维的浸润效果。

3. 实验仪器

接触角测定仪、载玻片等。

接触角测定仪通常由主机、显微镜、照明系统、试样工作台和调节系统等几部分组成，其中主机上有一个可以转动的纤维支架，工作台上有液体样品池，可以上下左右滑动，还可以加热升温。任何一台接触角测定仪的核心部分为带角度的显微镜、液体样品池以及纤维支架。纤维与液体接触的状态可通过显微镜观察并被拍成照片。

4. 实验步骤

1）仪器调试

（1）观察接触角测定仪的组成和结构，调整主机底座旋钮使主机处于水平状态。

(2) 接通电源,调节照明系统,使显微镜的视野明亮,并使角度盘清晰可见。

(3) 调节显微镜光路中心使其与纤维支架的旋转中心一致,让显微镜的十字中心对准样品池,并上下左右移动,注意视野的范围。

(4) 如要拍接触照片,则要在显微镜上安装照相机。

(5) 如在测试过程中需对液体试样池加热,则应通电试加热,并调节控制加热系统使之能按要求加热。

2) 显微镜观察法测定接触角

(1) 配制环氧树脂稀溶液(溶剂为丙酮或二甲苯),容器加盖,确保溶剂不会挥发。

(2) 将工作台和液体样品池调至水平,然后缓慢地用注射器将待测树脂注入样品池中并使其液面鼓起而不外溢。

(3) 将纤维用针从纤维支架的小孔中慢慢引出,并用透明胶带将纤维紧紧固定在支架上,然后将载有纤维的纤维支架安放在样品池上方。

(4) 缓慢地转动支架,将带有纤维的架子转入液体中,特别注意纤维与液体接触的方式。

(5) 旋转支架使纤维处于主机和显微镜光路中心,即纤维的影像与目镜的十字线重合,如图 3-2(a)所示。

(6) 旋转支架按图 3-2 调节纤维与液体的接触方式,直到调节到图 3-2(c)的状态时结束,此时显微镜中读出的角度为所测纤维与该液体的接触角 θ。

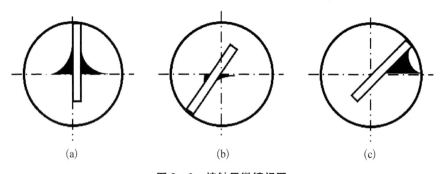

(a)　　　　　　　　　(b)　　　　　　　　　(c)

图 3-2　接触显微镜视图

3) 参数调整实验

(1) 反复调节纤维与树脂的接触方式,观察所测得的接触角是否一致,确保实验结果可靠。

(2) 对液体样品池进行加热,测定不同温度下的接触角,但应注意加热会加速液体溶剂的挥发,使溶液浓度发生变化。

4) 悬滴法测定纤维与稀树脂溶液的接触角

(1) 将纤维绷直固定在纤维支架上,调节显微镜直到观察到清晰的纤维图像。

(2) 将待测液体滴在纤维上,使其抱住纤维形成一个液珠,如图 3-3 所示,将显微镜的刻度尺对准液珠,分别测出 H、d 和 R,并按式(3-5)求出接触角:

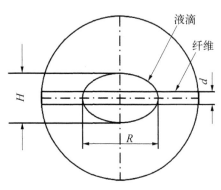

图 3-3　悬滴法显微镜视图

$$\tan\frac{\theta}{2} = \frac{H-d}{R} \qquad (3-5)$$

式中,θ 为接触角;H 为液滴的高度(mm);R 为液滴的长度(mm);d 为纤维直径(mm)。

5. 实验结果

(1) 将实验过程中使用的纤维、树脂、不同树脂的表面张力以及测量得到的接触角记录在表 3 - 2 中。

表 3 - 2 实验记录表

纤维种类:＿＿＿＿＿＿＿＿

树脂种类	表面张力	接 触 角			
		接触角 1	接触角 1′	接触角 1″	平均值
		接触角 2	接触角 2′	接触角 2″	平均值
		接触角 3	接触角 3′	接触角 3″	平均值
		接触角 4	接触角 4′	接触角 4″	平均值
		接触角 5	接触角 5′	接触角 5″	平均值

注:将纤维与树脂1测定的接触角结果标注为接触角1,依次类推,每种树脂与纤维的接触角测定 3 次,取平均值。

(2) 将能恰当表达树脂对纤维浸润性能的接触角图片展示在报告中。

(3) 求纤维的表面张力,根据式(3 - 4),以 $\cos\theta$ 为横坐标,γ_L 为纵坐标作一条直线,当 $\theta = 0°$ 时,$\gamma_L = \gamma_c$,此 γ_c 为纤维的表面张力 γ_S。

6. 思考题

(1) 纤维的表面状态对接触角影响较大,安装纤维时手接触纤维对测量结果有何影响?

(2) 液体的挥发性能对测量接触角是否有影响? 若有则说明它是如何产生影响的。

(3) 解释说明树脂和纤维的接触角与温度高低的关系。

(4) 试总结影响纤维表面张力的主要因素。

(5) $\gamma_S > \gamma_L$ 是液体浸润固体的一个先决条件是否正确,为什么?

第4章
复合材料成型工艺实验

实验5 复合材料手糊成型工艺实验

1. 实验目的
(1) 掌握复合材料性能设计的方法。
(2) 掌握手糊成型工艺的技术要点、操作程序和技巧。
(3) 掌握合理剪裁和铺设增强纤维织物的技术。
(4) 掌握配制树脂溶液的技术。

2. 实验原理
在复合材料的制备方法中,手糊成型工艺属于低压成型工艺,其最大特点是灵活,适宜多品种、小批量生产。此外该工艺所用设备简单,投资少,见效快,所以国内很多中小企业生产复合材料时仍然以手糊为主,即便是在大型企业,也经常用手糊工艺解决一些临时的、单件生产的问题。据有关资料统计,在复合材料的制品产量很高的日本,手糊制品约占其总产量的1/3。因此掌握手糊成型工艺很有必要。

3. 实验仪器和原料
(1) 手糊工具:辊子、毛刷、刮刀、胶桶、塑料勺。
(2) 配制树脂溶液的设备:料桶、台秤/磅秤、取样勺、搅拌机。
(3) 模具的预处理工具:砂纸、脱膜剂。
(4) 后处理工具:手持打磨机、手持切割机、砂纸、包装纸。
(5) 其他材料:树脂、引发剂、促进剂等。

4. 实验步骤
1) 剪裁碳纤维织物
(1) 按铺层顺序选择表面毡和纤维织物,并根据织物厚度及制品厚度要求预估层数。
(2) 按制品的形状、尺寸及模具的规格要求合理剪裁织物。

2) 模具预处理
(1) 实验前在实验桌上铺塑料桌布,以防污染或损坏桌面。
(2) 用砂纸打磨模具表面,除去锈迹、污垢等,清洁干净后再精磨和抛光。用 $400^{\#}$ 水磨砂纸小心精磨模具表面直至细腻光滑,擦净浮尘。
(3) 在模具表面涂脱模剂,反复涂擦以免有遗漏。可自行配制脱模剂:将质量比为 $1:1$ 的石蜡和凡士林放在铝盒中加热到 $80\sim100℃$,两者熔化成液体后搅匀,再加入 0.3 份煤油调匀便可使用。

（4）首先在模具表面涂刷一层胶衣树脂,当观察到胶衣树脂即将凝胶时,将表面毡轻轻铺放于模具表面。注意不要使表面毡过分变形,以贴合为宜。

3）树脂溶液的配制

（1）不饱和聚酯树脂配方:100 g 不饱和聚酯树脂需 2 g 固化剂(过氧化甲乙酮)和 1 g 促进剂(环烷酸钴)。先将固化剂与不饱和聚酯树脂按上述比例配合搅匀,然后加入促进剂。注意,根据实际需要调整用量。

（2）环氧树脂配方:100 g 环氧树脂需 20～30 g 固化剂,将固化剂与环氧树脂混合均匀。注意,因固化剂的型号不同,用量略有不同。

4）手糊成型实验操作

（1）将配好的树脂溶液立即淋浇在表面毡上,并用毛刷正压(不要用力刷涂,以免表面毡走样)样品,使树脂浸透表面毡,不应有明显气泡。这一层是富树脂层,一般应保证 65％ 以上的树脂含量。

（2）待表面毡和树脂凝胶时马上铺上第一层玻璃布,并立即涂刷树脂,一般树脂含量约为 50％;紧接着依次铺设第二层、第三层,注意错开玻璃纤维织物的接缝位置,每层之间都不应有明显气泡。最外层是否需要使用表面毡应视制品要求而定。

（3）手糊完毕后需待复合材料达到一定强度后才能脱模,在这个强度时脱模操作能顺利进行而制品形状和使用强度不受损坏,低于这个强度就会造成损坏或变形。通常温度为 15～25℃时固化 24 h 即可脱模;温度在 30℃以上对形状简单的制品固化 10 h 可脱模;温度为 40～50℃时,固化 4 h 后可脱模;温度低于 15℃则需要加热升温固化后再脱模。

（4）修毛边,并美化装饰。

5. 实验结果

（1）将相关实验数据记录在表 4-1 中。

表 4-1　手糊成型工艺数据记录

样品名称	
表面毡层数	
玻璃纤维织物层数及用量/g	
成型样品质量/g	
树脂含量/%	
样品表面状态描述(包括平整度,是否有肉眼可见的气泡、分层现象等)	

（2）记录实验过程中出现的现象,并分析出现此类现象的原因。

（3）根据实验过程及产品品质建立实验参数与产品质量的基本关系,并说明改进的方法。

（4）从不同角度对手糊制品拍照,并将照片展示在报告中。

6. 思考题

（1）手糊制品常见的缺陷有哪些? 简述其产生的原因。

（2）什么是富树脂层? 它起什么作用?

(3) 为什么要待表面毡树脂开始凝胶时才能铺玻璃织物和涂刷树脂?

(4) 判断制品是否达到脱模强度的方法有哪些? 哪些因素影响制品脱模的顺利进行?

实验 6 真空辅助成型工艺实验

1. 实验目的

(1) 学习真空辅助成型工艺的原理。

(2) 掌握真空辅助成型工艺的操作方法和技术要点。

2. 实验原理

真空辅助成型也叫真空导入、真空灌注、真空注射等。它是指在模具上铺增强材料(玻璃纤维、碳纤维或夹心材料等),然后铺真空袋,并抽出体系中的空气,在模具型腔中形成负压,利用真空产生的压力把不饱和树脂通过预铺的管路压入纤维层中,让树脂浸润增强材料,最后充满整个模具,制品固化后,揭去真空袋膜,得到所需的制品。该法采用单面模具(就像通常的手糊和喷射模具)建立了一个闭合系统。

真空辅助工艺能被广泛应用是有其理论基础的,即达西定律:

$$t = l \cdot h/(k\Delta P) \tag{4-1}$$

式中,t 为导入时间;h 为树脂黏度,从公式上可以看出所用树脂的黏度越低,所需导入时间就越短,因此真空导入所用的树脂黏度一般不能太高,这样可以使树脂能够快速充满整个模具;l 为注射长度,指树脂进料口与出料口之间的距离,注射长度越长则所需的导入时间越长;ΔP 为压力差,体系内与体系外压力差值越大,对树脂的驱动力也越大,树脂流速越快,当然所需导入时间也越短;k 为渗透系数,表征树脂对玻璃纤维或夹心材料等的浸润程度,k 值大说明浸润好。因此为了使树脂在增强材料被压实的情况下方便地充满体系,一般会人为设置一些导流槽,比如在夹心泡沫上下打孔等。

真实辅助成型工艺示意如图 4-1 所示。

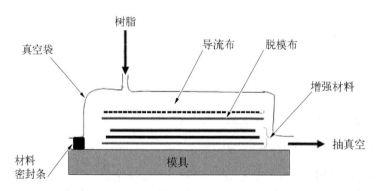

图 4-1 真空辅助成型示意图

3. 仪器及原料

(1) 设备及辅料:真空泵、压力表、导流管、脱模布、导流布、真空袋、砂纸、脱膜剂、干燥箱、剪刀、钢尺、美工刀、胶水等。

（2）原料：树脂，真空导入工艺所用的树脂不能用普通的树脂来代替，它对黏度、凝胶时间、放热峰以及浸润性等有特殊的要求，具体可咨询树脂供应商。

（3）固化剂：如果是环氧树脂，要使用相应的专用固化剂；不饱和树脂常用的固化剂是过氧化甲乙酮。

（4）增强材料：一般常用的是玻璃纤维和碳纤维，具体要根据力学设计要求选择。选用增强材料时最好测试一下其渗透性。纤维在制造过程中选用的浸润剂和黏结剂会对树脂的浸润性产生影响，导致最终制品的力学性能有很大差异。

（5）夹心材料：依据制品的需要选用合适的夹心材料，一般常用的是 Balsa 木、PVC 泡沫、PUR/PIR 泡沫、强蕊毡等。

4. 实验步骤

1）准备模具

和其他工艺一样，高质量的模具也是必备的。模具表面要有较高的硬度和较高的光泽，并且模具边缘至少保留 15 cm，便于铺设密封条和管路。

清理干净模具，然后在模具表面打脱模蜡或抹脱模剂。脱模剂的配制方法参考实验 5。

2）胶衣面施工

根据制品要求选择易打磨胶衣，可以是邻二甲苯、间二甲苯或乙烯基苯型胶衣。用手刷和喷射的方法涂覆胶衣。

3）铺设增强材料

根据制品强度要求选择增强材料（玻璃纤维、碳纤维、夹心材料）。增强材料的选择对成型工艺来说是很重要的一步，虽然所有织物都可以用，但不同的材料和织造方法会影响树脂的流速。

4）铺设其他材料

先铺上脱模布，然后铺导流布，最后铺真空袋。在合上真空袋之前，要仔细考虑树脂和抽真空管路的走向，否则会有树脂无法浸润的地方。铺设时要非常小心，避免尖锐物刺破真空袋。

5）抽真空

铺完这些材料后，夹紧各进树脂管，对整个体系抽真空，尽量把体系中空气抽完，并检查整个体系的气密性。这一步很关键，如有漏气点存在，当导入树脂时，空气会进入体系，气泡会从漏气点向其他地方渗入，甚至有可能导致整个制品报废。

6）配制树脂

准备树脂，按凝胶时间配入相应的固化剂，切记不能忘加固化剂，否则很难弥补。一般真空导入的树脂中含有固化指示剂，可以从颜色上来判断是否加了固化剂。

7）导入树脂

将进树脂管路插入配好的树脂桶中，根据进料顺序依次打开夹子，注意导入树脂的量，必要时及时补充。

8）脱模

树脂凝胶固化到一定程度后，揭去真空袋，从模具上取出制品并进行后处理。

5. 实验结果

（1）将相关实验数据记录在表 4-2 中。

表4-2 真空导入成型工艺数据记录

样品名称	
树脂	
固化剂	
增强材料	
夹芯材料	
真空度	
制品品质描述(包括表面平整度,是否有肉眼可见的气泡、分层现象)	

（2）记录实验过程中出现的现象,并分析出现此类现象的原因。

（3）根据实验过程及产品品质建立实验参数与产品质量的基本构效关系,并说明改进的方法。

（4）从不同角度对真空导入制品拍照,并将照片展示在报告中。

6. 思考题

（1）真空辅助成型工艺有哪些优势?

（2）真空辅助成型工艺中哪些参数是影响制品质量的主要因素?

（3）真空辅助成型工艺对增强体、基体的要求是什么?

（4）真空辅助成型工艺可以与复合材料的哪些成型工艺联合使用? 试推测其效果。

实验 7　缠绕成型工艺实验

1. 实验目的

（1）了解缠绕机的构造和各部分的作用。

（2）了解缠绕工艺的基本特点、规律和线型。

（3）掌握缠绕工艺参数对产品质量的影响,并能根据产品模型初步设置工艺参数。

（4）学会撰写缠绕工艺过程说明书,包括选择原料、确定配方、选择缠绕工艺参数、模具设计、缠绕成型工艺设计等。

2. 实验原理

缠绕成型法是一种机械化程度比较高的复合材料成型工艺,最能体现复合材料的优点。缠绕法制得的产品强度高(可超过钛合金),这是因为在制造过程中可根据制品的受力情况,合理设计缠绕规律,所以该成型工艺适宜制造大型化工贮罐、铁路槽车以及受压容器等。

纤维缠绕成型工艺的过程是将经表面处理的连续玻璃纤维合股毛纱或玻璃织物浸渍在树脂胶液中,使树脂均匀覆盖在织物表面,然后将其按一定规律连续地缠绕在芯模(内衬)上,层叠成所需厚度,随后加热固化或常温固化,最后脱除芯模即得制品(若芯模为内衬,则不必脱除)。其工艺流程如图4-2所示。缠绕过程中使用的缠绕机和成型后制品如图4-3所示。

缠绕工艺可分为湿法、干法和半干法。湿法是将无捻纤维浸渍树脂后直接缠绕在芯轴(内衬)上。湿法缠绕成型的优点为：① 成本比干法缠绕低 40%；② 产品气密性好,这是因为缠

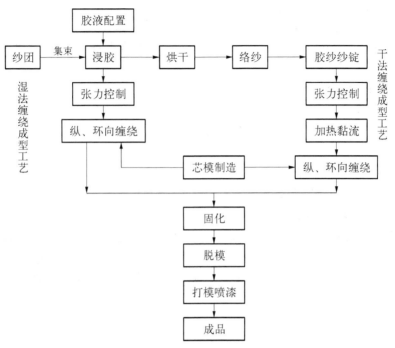

图 4-2　缠绕成型工艺流程

图 4-3　缠绕机和成型制品

绕张力使多余的树脂胶液将气泡挤出,并填满空隙;③ 纤维排列平行度好;④ 缠绕过程中,纤维上的树脂胶液可减少纤维磨损;⑤ 生产效率高(达 200 m/min)。湿法缠绕成型的缺点为:① 浪费树脂,操作环境差;② 产品含胶量及质量不易控制;③ 可供湿法缠绕的树脂品种较少。

　　干法缠绕成型是将浸渍了树脂的纤维加热,使树脂预固化到 B 阶段,缠绕时在纤维未进入丝嘴之前,需将树脂加热软化至黏流状态后再缠绕到芯模上。干法工艺用在产品质量和品质要求十分严格的场合。干法缠绕工艺的最大特点是生产效率高,缠绕速度可达 100～200 m/min。此外其优点还有缠绕机清洁、劳动卫生条件好、产品质量高等。其缺点是缠绕设备贵,需要增加预浸纱制造设备,故投资较大;此外,干法缠绕制品的层间剪切强度较低。

半干法缠绕是在纤维浸胶后到缠绕至芯模的过程中增加了一套烘干设备,将浸胶纤维中的溶剂除去。与干法相比,该工艺省去了预浸胶工序和相应设备;与湿法相比,可使制品中的气泡含量降低。

3. 实验设备与原材料

1) 实验设备及用品

缠绕实验机、芯模、浸胶槽、纤维支架、干燥箱。

2) 原材料

(1) 增强材料主要为无捻玻璃纤维纱。单纤维直径为 $6\sim8\ \mu m$,股数为 $10\sim60$ 不等。玻璃纤维纱或织物的表面通常经过 80℃ 的脱蜡处理和化学偶联剂浸涂处理。最常用的偶联剂为 KH-550 等硅烷类偶联剂。

(2) 树脂胶液的选择视制品应用环境而定。例如某种受压容器的树脂胶液由 7 份双酚 A 型环氧树脂(牌号为 E-42 或 E-44)掺入 3 份 616♯ 酚醛树脂(按纯树脂计)制成,用丙酮稀释,丙酮用量大约为树脂固体总量的 30%。应根据使用环境、接触介质来选择经济、适用的树脂。

4. 实验步骤

1) 结构设计

(1) 内衬层:管道的内衬层在管道防渗漏与耐腐蚀方面起着关键作用,它是一层富树脂层,树脂含量为 90% 左右,用 10% 的表面毡做加强材料,表面毡厚度为 $1.55\sim2.5\ mm$。

(2) 结构层:该层为纤维缠绕层,它是产品强度与刚度的关键,树脂含量为 30% 左右。

(3) 外保护层:该层是管道的最外层,完全由树脂组成,其作用是防止管道受环境中腐蚀性介质的侵蚀。另外,该层中加有抗老化剂,起抗老化及增加管道使用寿命的作用。

2) 胶液配制

按配方在常温下配制胶液,控制胶液黏度及浓度。

3) 浸胶

浸胶过程一般在卧式浸胶槽中进行,浸渍完成后在 130℃ 左右烘干,所得浸胶材料若不经干燥直接用来缠绕则为湿法缠绕,经干燥后再缠绕者则为干法缠绕。浸胶材料的含胶量为 $40\%\sim50\%$,挥发分含量为 $5\%\sim7\%$,可溶性物质含量小于 1%,固化度大于 99%。

4) 缠绕成型

缠绕时温度一般为 (60 ± 5)℃,缠绕线速度约为 $25\ m/min$。缠绕时的张力对制品品质有明显影响,因此要严格控制,例如对 120 股纱的浸胶材料,其缠绕起始张力环向不低于 98 N,纵向不低于 78 N;每二层,环向递减 9.8 N,纵向递减 4.9 N。缠绕过程中,浸胶材料的排布轨迹应根据所制化工设备或其他制品的性能要求专门进行设计。

5) 固化

缠绕完毕要进一步加热固化,具体加热温度随胶液种类不同而有所不同,例如对于双酚 A 环氧树脂/616♯酚醛树脂(7/3)混合胶液,其固化条件为:以 0.5℃/min 的升温速度升高至 110℃,保温 1 h,再以 0.5℃/min 的升温速度升高至 160℃,保温 5 h,最后自然冷却。

6) 脱模及后处理

固化后冷却脱模,并对制品进行打磨等后处理工序。

5. 实验结果

（1）将相关实验数据记录在表 4－3 中。

表 4－3　缠绕成型工艺数据记录

样品名称	
缠绕机型号及厂家	
纤维及预处理工艺	
树脂基配方	
缠绕工艺参数（线速度、缠绕角、丝束张力）	
固化条件（固化剂、温度、时间）	
缠绕成型制品品质描述（包括平整度、是否有肉眼可见的气泡、分层现象）	

（2）记录实验过程中出现的现象，并分析出现此类现象的原因。

（3）根据实验过程及产品品质建立缠绕成型参数与产品品质的基本构效关系，并提出改进的方法。

（4）从不同角度对缠绕成型制品拍照，并将照片展示在报告中。

6. 思考题

（1）纤维缠绕成型工艺的特点是什么？

（2）纤维螺旋缠绕的主要技术参数有哪些？其主要影响是什么？

（3）纤维缠绕的模具一定是凸形的吗？凹形的模具是否能缠绕成型？请设想一下在凹形模具下缠绕纤维的方法。

（4）简要介绍一种你所了解的缠绕成型的复合材料制品，并搜集其工艺参数。

实验 8　复合材料模压成型工艺实验

1. 实验目的

（1）了解液压机的加压、加热工作原理。

（2）掌握复合材料模压成型工艺的操作方法。

（3）了解模压成型复合材料制品的特点。

2. 实验原理

模压成型工艺是将一定量的模压料放入金属对模中，在一定的温度和压力作用下将模压料固化成制品的一种方法。该工艺利用固化反应各阶段树脂的特性制备成品。当模压料在模具内被加热到一定温度时，树脂受热熔化成黏流状态，在压力作用下树脂包裹纤维一起流动直至填满模腔，此时为树脂的黏流阶段（A 阶段）；继续提高温度，树脂发生化学交联，相对分子质量增大，当分子交联形成网状结构时，其流动性很快降低直至表现出一定的弹性，此时为凝胶阶段（B 阶段）；再继续加热，树脂交联反应也继续进行，交联密度进一步增加，最后失去流动性，树脂变为不溶的体型结构，此时到达了硬固阶段（C 阶段）。模压工艺中上述各阶段是连续出现的，其间无明显界限，并且整个反应是不可逆的。

模压成型工艺的成型压力比其他工艺高,属于高压成型,因此它既需要有控制压力的液压机,又需要有高强度、高精度、耐高温的金属模具。模压成型的优点是生产效率高,制品尺寸精确、表面光洁、一次成型。其缺点是模具设计和制造较复杂,初次投资高,制件易受设备的限制,所以一般适用于大批量生产的小型复合材料制品。

不同模压料的模压成型工艺参数也不相同,表4-4列举了几种模压料成型工艺参数。

表4-4　模压成型工艺参数参考表

模压料品种	成型压力/MPa	成型温度/℃	保温时间/min
酚醛	30～50	150～180	$2n^{①}$～$15n$
环氧酚醛类	5～30	160～220	$5n$～$30n$
聚酯类	2～15	引发剂的临界温度加40～70	$0.5n$～$1n$

① n 为层合板厚度(mm)。

为便于脱模,一般模压时上模温度比下模温度高5～10℃,保温结束后,一般在加压条件下逐渐降温。

需要特别说明的是,对于常用的酚醛树脂,当其处于A阶段时具有明显的B阶段性质,且由B阶段向C阶段转变只需加热就能完成。采用A阶段酚醛树脂浸渍玻璃纤维及其织物的预浸料被广泛用于制作模压玻璃钢制品,这种制品在电器、汽车、机械、化工等领域中占有重要地位。B阶段酚醛树脂分子中每两个羟甲基要脱下一个水分子和一个甲醛分子,甲醛马上与树脂中苯环上的活性点反应又生成一个羟甲基,该羟甲基与另一羟甲基再反应脱下一个水分子和一个甲醛分子,如此持续下去最终交联进入C阶段。这一转化过程要放出水分,如果不在高压下进行,这些水分子在高温下形成水蒸气逸出来就会使树脂形成孔泡,导致产品性能下降,因此,酚醛树脂固化需在高温、高压下完成,并且在树脂凝胶之前需提起半个模具使之多次放气,这样即使有气泡缺陷形成,也还可以通过再加压方式弥补。

3. 实验设备及原料

1) 实验设备

油压机(液压机)、成型模具、电子天平、水浴搅拌器、烘箱、球磨机、粉碎机、剪切机、金属层剥离强度测试仪、测试夹具与仪器系统。

油压机一般由主机架、油泵、油缸、活塞、工作平台、阀门、压力指示表、加热和温控系统等组成。通常一块工作平台是固定不动的,另一块则可上下移动。

油压机的额定压力与指示表压之间的关系通常用下式计算:

$$P_c = 10^{-1} \times P_{max} \frac{\pi D^2}{4} \tag{4-2}$$

式中,P_c 为油压机的额定压力(kN);P_{max} 为油缸所允许的最大压强(表压)(MPa);D 为油缸活塞受压面直径(cm)。

用下式计算模腔中模压料所受压强:

$$P = p_m \frac{\pi D^2}{4S} \tag{4-3}$$

式中，p 为模压料压强（MPa）；p_m 为油压机指示表压（MPa）；D 为油缸活塞受压面直径（cm）；S 为模压制品或模具型腔的投影面积（m²）。

图 4 - 4 为上压式液压机执行结构示意图，油塞受压面直径 D 往往大于滑块直径 d，d 被误认为是 D，若将 d 代入式（4 - 2）中，则会导致计算出的油缸最大压强大于油缸所允许的最大表压值，因此，应特别注意。

有的模压制品不容易从阴模中脱模，所以设计模具时可以充分利用油压机的下方的顶出杆帮助脱模。

2）实验原料

氨酚醛树脂乙醇溶液、玻璃纤维或玻璃织物。

4. 实验步骤

1）预浸料制备

（1）取酚醛树脂乙醇溶液（含胶量为 60%～65%）1 200 g，短玻璃纤维 1 000 g。将玻璃纤维剪成 20～40 mm 的短纤维（如是玻璃织物，可剪成 20 mm×20 mm 的碎片）。将两者在容器内混合（又称为捏合）。

（2）戴上乳胶手套在容器内揉搓，使短玻璃纤维充分浸润，该预浸料中树脂含量可达 40% 以上。注意：树脂太浓，纤维不能充分浸润；树脂太稀，纤维吸收不完。捞出晾干后的纤维上树脂含量偏低，纤维显现出疏松的状态。

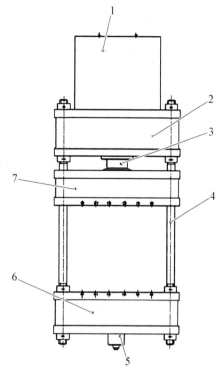

1—副油箱；2—横梁；3—主缸；4—导柱；
5—顶出缸；6—工作台；7—滑块。

图 4 - 4　上压式液压机执行结构示意图

（3）将疏松的浸上树脂的短纤维摊在平铝板上（或铁丝网上），然后将其放置在 80℃ 的烘箱中烘 30 min，使纤维既不发黏，其中挥发分（含乙醇溶剂）的总量又不高于 6.5%。

（4）将预浸料装塑料口袋封严待用。

2）模压成型试验

（1）模具准备：有封闭模腔的模具一般由阴阳模组成，首先准确测量模具型腔的容积 V，然后在腔内涂脱模剂，确定没有遗漏后将阴阳模同时预热到 170℃，保持 30 min。

（2）预浸料准备：根据下式计算预浸料质量 m：

$$m = (1 + \gamma)\rho V \qquad (4 - 4)$$

式中，γ 为损耗系数，一般取值为 0.05；ρ 为模压成型后制品的密度（g/cm³）；V 为模具型腔容积或制品实占空间体积（cm³）。

准确称取预浸料，精确到 0.1 g。模压料不应偏多或偏少，以免造成制品缺陷或产品尺寸不符合要求。

（3）预浸料预热：在 90～110℃ 的条件下预热预浸料 15 min，然后趁模具热、模压料软时向模腔添加预浸料，迅速合模，将模具置于油压机工作平台上，轻轻加压使模压料密致。

（4）初始加压：在 170℃ 高温下初压力不宜太高，以 5～10 MPa 为宜，加压 3～5 min 后将上模提起一点，第一次放气，此后每隔 1 min 就放气一次，质量或壁厚较大的制品，放气 3～5

次即可。同时注意观察模具中挤出树脂的黏度变化。

（5）计算压强：按式（4-3）计算模腔中模压料的压强。

（6）持续加压：掌握加压时机，当流出来的树脂黏度变大，接近凝胶状态时迅速升压，使压强达到 30～50 MPa，注意表压不应超过式（4-2）计算出的油缸所允许的最大压强，保温、保压 30～60 min。保温保压时注意流胶状态。

（7）随机降温，当达 80℃以下时可以脱模、修毛边。

（8）目测模压制品的外观质量，测量其密度 ρ 和外观尺寸；如果需要用模压制品进行后续实验，则应将制品放于干燥器中待用。

5. 实验结果

（1）将相关实验数据记录在表 4-5 中。

表 4-5 模压成型工艺数据记录

实验设备（名称、厂家型号）_____

预 浸 料	
树脂类型及用量	
乙醇用量	
纤维（织物）类型及用量	
烘干温度及时间	

模压成型工艺			
阶 段	压 力	温 度	时 间
A 阶段			
B 阶段			
C 阶段			

模压成型制品性质	
样品表面状态描述（包括平整度，是否有肉眼可见的气的泡、分层现象）	

（2）记录实验过程中出现的现象，并分析出现此类现象的原因。

（3）根据实验过程及产品品质建立实验参数与产品品质的基本构效关系，并说明改进的方法。

（4）从不同角度对模压制品拍照，并将照片展示在报告中。

6. 思考题

（1）如何控制预浸料的品质？

（2）模压设备的结构与主要组成是什么？简要说明模压成型压力大小设定原则与计算方法。

（3）复合材料制品成型的模具类型有哪些？模压实验使用的模具是溢式模、半溢式模还是不溢式模结构？

（4）总结复合材料的组成、工艺与制品结构、性能之间的关系。

实验 9　复合材料层压成型工艺实验

1. 实验目的

（1）进行预浸布和层压板生产工艺操作训练,掌握层压板制作过程的技术要点。

（2）了解纤维织物铺层方式对层压板性能的影响。

2. 实验原理

层压成型是把一定层数的浸胶布（纸）叠在一起送入多层液压机,在一定的温度和压力下将其压制成板材的工艺。层压成型工艺属于干法压力成型范畴,是一种主要的制备复合材料的成型工艺。目前,国内外平板绝缘材料基本上是采用层压成型工艺生产的。不同层压方式可以生产不同用途的板材和大型结构的平行试样,用此工艺生产的复合材料制品还有印刷电路敷铜板、纺织器材、管材、鱼竿、木材三合板和五合板等。

层压工艺采用的树脂包括环氧树脂、酚醛树脂、不饱和聚酯树脂,其基本流程工艺如下:玻璃织物高温脱蜡→偶联剂处理→烘干→浸胶→烘至 B 阶段→收卷→剪裁→预浸布→铺层→层压→脱模修边。

层与层之间完全靠加温加压固化的树脂粘在一起,从而形成具有一定厚度的板。生产中除温度、压力外,预浸布中树脂含量也是一个重要影响因素。

浸胶织物的用量可用下式计算:

$$m = \rho A h \tag{4-5}$$

式中,m 为浸胶织物的质量（g）;ρ 为层压板的密度（g/cm^3）;A 为层压板的面积（cm^2）;h 为层压板预定厚度（cm）。

3. 实验设备及器材

浸胶机、层压机（油压机）、不锈钢薄板、树脂、玻璃布等。

浸胶机如图 4-5 所示,包括布架、脱蜡炉、偶联剂浸槽、烘干炉、浸胶槽、控胶辊、烘干炉、收卷架等八部分。

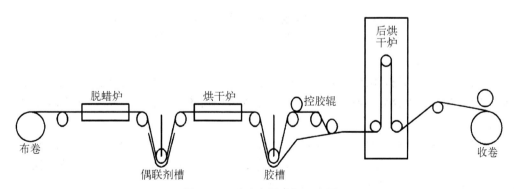

图 4-5　玻璃布浸胶机示意图

若没有浸胶机,亦可用手工法浸胶。其方法是将玻璃织物剪成一定大小的方块,然后高温脱蜡,浸偶联剂,晾干或烘干。将其放在胶槽中浸透树脂,然后用圆管夹住玻璃织物,再将玻璃织物提抽而过,最后烘至 B 阶段,待用。这样做的缺点是预浸织物含胶量不均匀。

4. 实验步骤

1) 制作预浸布

(1) 选择玻璃布。国内的玻璃布分有碱和无碱两种,制层压板的多是无碱玻璃布。玻璃布按其规格分号,牌号越大,厚度和面密度也越大,例如 13 号布的单位面积质量为 160 g/m²,18 号布的单位面积质量为 240 g/m²,注意玻璃布的经纬密度。布宽有 900 mm 和 1 200 mm 等多种。

(2) 配置偶联剂水溶液。一般偶联剂溶液的浓度为 1‰~3‰。如是酚醛树脂,则偶联剂选用 KH-550;如是环氧树脂则用 KH-550 或 KH-560 作偶联剂;如是不饱和聚酯树脂,偶联剂最好用 KH-570,一定不能用 KH-550。

(3) 配制树脂。树脂要有明显的 B 阶段,并且将预浸布在常温下存放 5~7 天。这里提供三个配方供学生选用:① 氨酚醛树脂的乙醇溶液,胶含量为 60%。② 环氧树脂(E-44)与胶含量为 60%~65% 的氨酚醛树脂按质量比为 1∶1 混合,经 80℃ 搅拌反应后脱水 60~90 min,加少量丙酮调至含胶量为 60%。③ 184# 或 199# 不饱和聚酯树脂在聚合完毕时不加苯乙烯稀释就直接出料,冷却为固体,取 100 份(质量,下同)该树脂用 40 份丙酮溶解,然后加入 15~20 份邻苯二甲酸二丙烯酯(DAP)、2 份过氧化二异丙苯、0.3 份过氧化苯甲酰,搅匀即可。

(4) 制备浸胶布。将脱蜡炉温度调至 400~430℃,偶联剂烘炉调至 110~120℃,胶槽后的烘炉调至 70~90℃,然后开机预浸,预浸过程如图 4-5 所示。在收卷处取样分析其挥发分、胶含量和不溶性树脂含量。若布发黏,收卷后不易退卷,应提高后炉温度;若挥发分过高,不溶性树脂含量低于 3%,也应提高后炉温度;反之要降低温度。含胶量由控胶辊的压力装置控制,一般为 33%~37%。浸胶布牵引速度对上述三个指标亦有影响,一般控制在 1.0~3.0 m/min 为宜,但不能一概而论,因为牵引速度受很多因素影响,如脱蜡炉的长度、浸胶槽的形式、浸渍时间、后炉温度以及树脂种类等。

浸胶布的质量指标也往往随层压制品的要求改变,不要将某些指标(如含胶量 35% 左右)看成是一成不变的。产品千变万化,浸胶布的质量指标最终还是要由产品要求来确定。

(5) 将浸胶制品收卷密封装袋,待用。

2) 层压成型

(1) 将浸胶布放在洁净平台上铺平,按规定尺寸剪裁,注意经纬方向。

(2) 按式(4-5)计算浸胶布用量,用 15 mm、10 mm 以及 4 mm 厚的板各压制一块复合材料,以备其他实验用。

(3) 将单片预浸布按预定次序逐层对齐叠合,在其上下面各放一张聚酯膜,并将其置于两不锈钢薄板之间,将不锈钢薄板和预浸布一起放入层压机中。不锈钢板应对齐,以免压力偏斜导致试样厚度不均。

(4) 分三个阶段加热、加压:预热阶段的温度为 100℃,压力为 5.0 MPa,保温 30 min;保温保压阶段时,将温度升到 165~170℃,压力为 6~10 MPa,保持 60~80 min;降温阶段应保压降温,待温度低于 60℃ 后可卸压、脱模、取板。

3) 脱模修边

最后脱模修边,目测层压板的品质。

5. 实验结果

(1) 将相关实验数据记录在表 4-6 中。

表 4 - 6　模压成型工艺数据记录

实验设备(名称、型号、生产厂家)：＿＿＿＿＿＿＿＿

预浸料配方	
型　号	用　量
纤　维	
树　脂	
助　剂	

预浸料铺层	
铺层方法	层　数

层压工艺参数			
阶　段	压　力	温　度	时　间
预热阶段			
保温保压阶段			
降温阶段			

脱模容易程度：＿＿＿＿＿＿＿＿＿＿＿＿

层压制品质量表征	
样品表面品质描述(包括平整度,是否有肉眼可见的气泡、分层现象)	

(2) 记录实验过程中出现的现象,分析出现此类现象的原因。

(3) 根据实验过程及产品品质建立实验参数与产品品质的基本构效关系,并说明改进的方法。

(4) 从不同角度对层压成型制品拍照,并将其展示在报告中。

6. 思考题

(1) 层压板可能出现哪些缺陷? 如何解决这些问题?

(2) 层压板加压是否也有时机问题?

(3) 如何用铺放层数计算层压板制品厚度?

(4) 简要说明层压成型的温度梯度、压力梯度的设计原理与方案。

实验 10　复合材料注塑成型工艺实验

1. 实验目的

(1) 学习制定科学的复合材料配方。

(2) 熟悉双螺杆共混挤出造粒操作流程。

(3) 掌握注塑成型工艺的操作方法和技术要点。

2. 实验原理

热塑性复合材料受热会软化且在外力作用下可以流动,当冷却后又能转变为固态,而塑料的原有性能不发生本质变化。注塑成型是一种重要的热塑性材料成型方法,塑料在外部设备加热及螺杆对物料的摩擦升温作用下熔化呈流动状,在螺杆推动作用下,塑料熔体通过喷嘴注入温度较低的封闭模具型腔中,冷却定型为所需制品。

注射成型时,物料经历的主要是一个物理变化过程。物料的流变性、热性能结晶行为以及定向作用等因素对注射工艺条件及制品性质都会产生很大影响。采用注塑成型,可以制作各种不同的塑料,得到质量、尺寸、形状不同的塑料制品。

注塑成型工艺参数包括注塑成型温度、注射压力、注射速度以及时间等。要想得到满意的注塑制品,涉及的生产因素有注塑机的性能、制品的结构设计和模具设计、工艺条件的选择和控制。直接影响塑料熔体流动行为、塑料塑化状态和分解行为的因素都影响塑料制品的外观和性能,如果塑料成型工艺参数选择不当,会导致制品性能下降,甚至不能制成一个完整的产品。

在整个成型周期中,注射时间和冷却时间最重要。它们对制品的质量有决定性作用,注射时间中的充模时间与注射充模速度成反比。注射速度主要影响塑料熔体在模腔内的压力和温度。充模时间一般为 3~5 s,甚至更短。

注射时间中的保压时间是对模腔内熔料的压实时间,在整个注射过程中占的比例较大,一般为 20~120 s,特别厚的制品可高达 5~10 min。浇口处的熔料封冻之前,保压时间的多少对制品尺寸的准确性有影响。封冻之后,保压时间对制品尺寸无影响。保压时间的最佳值依赖料温、模温以及主浇道和浇口的大小。如果主浇道和浇口的尺寸以及工艺条件是正常的,通常将制品收缩率波动范围最小的压力值作为保压压力。

冷却时间主要取决于制品的厚度、塑料的热性能和结晶性能、模具温度等。冷却时间的终点应以制品在脱模时不引起变形为原则。冷却时间一般为 0.16~0.30 s,没有必要冷却过长时间。成型周期中的其他时间则与生产过程是否连续和自动化程度有关。

在选择工艺条件时,主要从以下几个方面考虑:① 塑料的品种,此种复合材料的加工温度范围;② 树脂是否需要干燥,采用什么方式干燥;③ 成型制品的外观、性能及收缩率。

3. 实验设备及原料

设备:双螺杆挤出机(见图 4-6)、注射成型机、试样模具(长条、圆片、哑铃等形状)、测温计(量程为 0~300℃,精确度为±2℃)、秒表。

原料:热塑性聚合物(ABS、PS、PE 和 PP)、增强纤维、偶联剂、抗氧剂、短切纤维(颗粒)等。

4. 实验步骤

1)挤出法制备预混料

按配方称取原料,混合均匀后加入料斗,按如下流程得到预混料粒子,烘干,备用:设定成型温度、螺杆转速以及牵引速度等工艺参数→加料→挤出→冷却→牵引→切粒。

2)注塑成型

(1)按注射成型机使用说明书或操作规程做好实验设备的检查、维护工作。

(2)按"调整操作"方式安装好试样模具。

(3)注射机温度仪指示达到实验条件时,再保持 10~20 min,随后加入塑料进行对空注

图 4-6　双螺杆挤出机

射。如从喷嘴流出的料条光滑明亮、无变色、无银丝、无气泡,说明料筒温度和喷嘴温度比较合适,可按该实验条件用半自动操作方式开动机器,制备试样。此后,每次调整料筒温度也应设置适当的恒温时间。在成型周期固定的情况下,用测温计测定塑料熔体的温度,制样过程中料温测定不少于两次。

（4）在成型周期固定的情况下,用测温计分别测量模具动、定模型腔不同部位的温度,测量点不少于三处,制样过程中,模温测定不少于两次。

（5）用注射时螺杆头部施加于物料的压力表示注射压力。

（6）成型周期各阶段的时间用继电器和秒表测量。

（7）制备试样过程中,模具的型腔和流道不允许涂擦润滑性物质。

（8）按测试需要制备试样,每一组试样一定要在基本稳定的工艺条件下重复进行。必须在至少舍去五个初始试样后才能开始取样。若某一工艺条件有变动,则该组已制备的试样作废。在去除试样的流道类赘物时,不得损伤试样本体。

5. 实验结果

（1）将相关实验数据记录在表 4-7 中。

表 4-7　注塑成型工艺数据记录

原料及配方	
设备名称、型号及生产厂家	
造粒和注塑技术参数	
样品表面品质描述(包括平整度,是否有肉眼可见的气泡、分层现象)	

（2）记录实验过程中出现的现象,并分析出现此类现象的原因。

（3）根据实验过程及产品品质建立实验参数与产品品质的基本构效关系,并说明改进的方法。

（4）从不同角度对模压制品拍照,并将照片展示在报告中。

6. 注意事项

(1) 因电气控制线路的电压为 220 V,操作机器时,应防止人身触电事故发生。

(2) 在闭合动模、定模时,应保证模具方位整体一致,避免错合损坏。

(3) 应确保安装模具的螺栓、压板、垫铁牢靠。

(4) 禁止在料筒温度未达到规定要求时进行注射。手动操作时在注射、保压时间未结束时不得开动预塑。

(5) 主机运转时,严禁手臂及工具等硬质物品进入料斗。

(6) 喷嘴阻塞时,忌用增压的办法清除阻塞物。

(7) 不得用硬金属工具接触模具型腔。

(8) 机器正常运转时,不应随意调整油泵溢流阀和其他阀件。

7. 思考题

(1) 影响预混料品质的因素有哪些? 如何控制这些因素?

(2) 哪些因素会导致试样产生缺料、溢料、凹痕、气泡、真空泡?

(3) 注射成型工艺参数如何确定?

(4) 实验方案中料筒温度、注射压力、注射时间以及保压时间的设定应考虑哪些问题?

(5) 如何处理注射成型制品的常见缺陷?

实验 11 喷射成型工艺实验

1. 实验目的

(1) 了解喷射成型工艺的技术要点及操作流程。

(2) 了解喷射机的构造和各部分作用。

(3) 完成典型产品的喷射成型工艺设计说明书,包括选择原料、确定配方、选择工艺参数、模具设计以及操作流程。

(4) 掌握喷射成型工艺参数与制品性能之间的关系。

2. 实验原理

喷射成型工艺是将混有引发剂和促进剂的两种聚酯分别从喷枪两侧喷出,同时将切断的玻璃纤维粗纱从喷枪中心喷出,使其与树脂均匀混合,沉积到模具上,当沉积到一定厚度时,用辊轮压实,使树脂浸透纤维,排除气泡,固化后成制品,其工艺流程如图 4-7 所示。

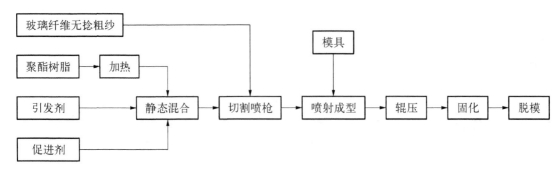

图 4-7 喷射成型工艺流程

喷射成型技术是手糊成型工艺的改进,为半机械化工艺。喷射成型技术被广泛用来制造复合材料。目前喷射成型产品包括浴盆、机器外罩、整体卫生间、汽车车身构件及大型浮雕制品等。

喷射成型的优点为:① 用玻璃纤维粗纱代替织物,可降低材料成本;② 生产效率比手糊高 2～4 倍;③ 产品整体性好,无接缝,层间剪切强度高,树脂含量高,抗腐蚀、耐渗漏性好;④ 可减少飞边、裁布屑及剩余胶液;⑤ 产品尺寸、形状不受限制。喷射成型缺点为:① 树脂含量高,制品强度低;② 产品只能做到单面光滑;③ 污染环境,对工人健康有害。

3. 实验设备及原料

喷射成型设备(喷射机,见图 4－8)、纤维材料、树脂材料。

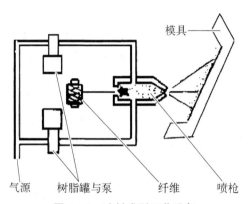

图 4－8　喷射成型工艺设备

喷射机主要由树脂喷射系统和无捻粗纱切割喷射系统组成。其功能是使从纤维切割器喷射出的、与树脂成一定质量比的专用短切玻璃纤维无捻粗纱纱段均匀地洒落在由树脂喷枪喷射出的、含有各种助剂的树脂微粒形成的扇面上,然后将两者同时喷射到模具型面上,经过轧辊、挤压、固化、脱模成为玻璃钢制品。注意:为避免压力波动,喷射机应由独立管路供气,气体要彻底除湿,以免影响固化。

喷射用的树脂主要是不饱和聚酯树脂,与手糊所用的树脂主要在黏度上有所区别。有时为了降低生产成本或满足产品本身的需求会在树脂里加入滑石粉或碳酸钙、碳粉等填料。但这样对树脂的要求更高,同时会损坏设备的密封系统。

喷射工艺所使用的增强纤维材料为无捻粗纱,要能满足喷射工艺的要求,如具有良好的切断性、分散性以及浸渍性等。喷射纤维纱一定要保持干燥。

4. 实验步骤

1) 模具预处理

若使用旧模具,可以使用温水或洁模剂将模具表面的灰尘清除干净。干燥后打上脱模蜡或半永久性脱模剂,一般半永久性脱模剂需配合封孔剂使用。如果是新模具,建议先使用封孔剂封孔,防止黏模。

2) 上胶衣

可以采用手刷、ES－100 小喷壶喷射或 INDY－GELCOAT 喷枪喷涂等方式上胶衣。胶衣层厚度为 0.4 mm 即可,手糊胶衣厚度会高。如采用喷射工艺,则一定要使用喷射型胶衣。

3) 喷射成型

喷射工艺需用 INDY－X－CHOPPER 设备喷射出短切玻璃纤维,一般喷至厚度为 3 cm

51

左右,用消泡辊将短切玻璃纤维压实。若制品较薄可一次性喷射到位,若制品较厚,还需等放热后再进行下步操作,直至达到所需厚度。喷射的过程中也可以加入一些强芯毡、泡沫夹芯、轻木夹芯、预埋件或加强筋等。喷射成型的工艺参数按下列要求调控。

(1) 纤维调控:纤维含量通常控制在 30% 左右,低于 25% 时,辊压方便,但制品强度低;含量高于 45% 时,辊压脱泡困难。长度以 25 mm 为宜。

(2) 树脂调控:不饱和聚酯树脂含量约为 60%,含胶量低,则胶分布不均,黏结不牢靠。引发剂用量根据环境温度和制品要求控制在 0.5%～4% 之间。促进剂含量一般固定。胶液黏度控制原则是易于喷射雾化、易于浸渍玻璃纤维、易于排出气泡而又不易流失,黏度一般为 0.3～0.8 Pa·s。触变指数以 1.5～4 为宜。

(3) 喷射量:在喷射过程中,应始终保持胶液喷射量与纤维切割量的比例适宜。胶液喷射量是通过柱塞的行程和速度来调控的。喷射量与喷射压力、喷射直径有关,喷射直径在 1.2～3.5 mm 之间可使喷胶量在 8～60 g/s 之间变化。

(4) 喷射夹角:喷射夹角对树脂与引发剂在枪外混合均匀度影响极大,不同夹角喷射出来的树脂混合交距不同,为了操作方便,一般选用 20° 夹角为宜。喷射枪口与成形表面距离为 350～400 mm。操作距离的确定主要考虑产品形状和树脂液飞矢等因素,如果改变操作距离,则需要调整喷枪夹角以保证树脂在靠近成形面处交集混合。

(5) 喷雾压力:调整喷雾压力保证两种树脂成分均匀混合,同时还要使得树脂损失最小。压力太小,混合不均匀;压力太大,树脂流失过多。合适的压力与胶液黏度有关,若黏度为 0.2 Pa·s,雾化压力为 0.3～0.35 MPa。

4) 成型固化脱模

成型环境温度控制在 20～30℃ 之间,温度再升高,会导致固化快,系统易堵塞;温度过低,胶液黏度大,浸润不均,固化慢。固化脱模后根据要求修边、裁剪、对工装件打孔以及抛光等。

5. 实验结果

(1) 将相关实验数据记录在表 4-8 中。

表 4-8 喷射成型工艺数据记录及结果分析

原 料			
树脂(名称、型号)		树脂黏度	
纤维(名称、型号)		纤维长度	
促进剂(名称、型号)		引发剂(名称、型号)	
固化剂		胶衣	
具体配方			
喷射成型工艺参数			
喷射直径		喷射量	
喷射夹角		喷枪与表面距离	
喷雾压力		环境温度	

喷射成型制品质量粗检

	品质优劣	产生原因	预防方法
流挂现象			
浸渍性			
固化均匀性			
粗纱切割形态			
是否有气泡			
厚度的均匀性			
白化、龟裂现象			

（2）记录实验过程中出现的现象，并分析出现此类现象的原因。

（3）根据实验过程及产品品质建立实验参数与产品品质的基本构效关系，并说明改进的方法。

（4）从不同角度对喷射成型制品拍照，并将照片展示在报告中。

6. 喷射成型注意事项

（1）环境温度应控制在（25±5）℃：温度过高，易引起喷枪堵塞；温度过低，会造成混合不均匀，固化慢。

（2）喷射机系统内不允许有水分，否则会影响产品品质。

（3）成型前，模具上先喷一层树脂，然后再喷树脂纤维混合层。

（4）喷射成型前，先调整气压，控制树脂和玻璃纤维含量。

（5）喷枪要均匀移动，防止漏喷，不能走弧线，两行之间的重叠富庶小于1/3，要保证覆盖均匀和厚度均匀。

（6）喷完一层后，立即用辊轮压实，要注意棱角和凹凸表面，保证每层压平，排出气泡，防止带起纤维造成毛刺。

（7）每层喷完后，要进行检查，合格后再喷下一层。

（8）最后一层要喷薄些，使表面光滑。

（9）喷射机用完后要立即清洗，防止树脂固化，损坏设备。

7. 思考题

（1）哪些制品适合选择喷射成型工艺？

（2）喷射成型工艺的参数控制对制品的性能有何影响？

（3）喷射成型工艺的主要影响因素有哪些？

（4）喷射成型与手糊成型工艺的演变过程是什么？

实验 12　树脂传递模塑（RTM）成型工艺实验

1. 实验目的

（1）了解 RTM 成型工艺的技术要点、操作流程。

（2）了解 RTM 成型设备构造和各部分作用。

（3）完成典型产品的 RTM 成型工艺设计说明书,包括选择原料、配料计算、确定配方、选择工艺参数、设计模具以及操作流程等。

2. 实验原理

树脂传递模塑成型(resin transfer molding, RTM),是从湿法铺层和注塑工艺中演变而来的一种新的复合材料成型工艺,是介于手糊法、喷射法和模压成型之间的一种对模成型法,RTM 工艺可以生产出两面光的制品。属于这一工艺范畴的还有树脂注射工艺(resin injection)和压力注射工艺(pressure infection)。

RTM 的基本流程是在模具(见图 4-9)的型腔内预先放置增强材料(包括螺栓、螺帽、聚氨酯泡沫塑料等嵌件),合模夹紧后,从设置于适当位置的注入孔,在一定温度及压力下将配好的树脂注入模具中,使之与增强材料一起固化,最后启模、脱模得到成型制品(见图 4-10)。对于小制件可以单点注射,大制件可以多点同时注射。其未来发展方向包括微机控制注射机组,增强材料预成型技术,降低模具成本,研发树脂快速固化体系,提高工艺稳定性和适应性等。

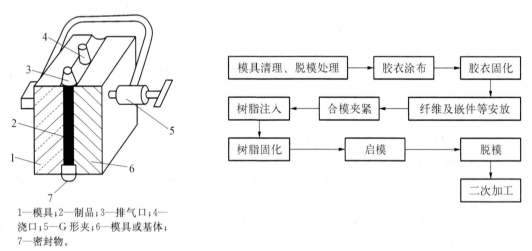

1—模具;2—制品;3—排气口;4—浇口;5—G 形夹;6—模具或基体;7—密封物。

图 4-9 RTM 的模具   图 4-10 RTM 工艺流程

RTM 工艺的优点为:① 无须胶衣涂层即可制备双面光滑构件;② 能制造出具有良好表面品质、高精度的复杂构件;③ 产品成型后只需稍微修边即可;④ 模具制造与材料选择的机动性强,不需庞大、复杂的成型设备就可制造复杂的大型构件,设备和模具的投资少;⑤ 孔隙率低(0~0.2%);⑥ 纤维含量高;⑦ 便于使用计算机辅助设计(CAD)进行模具和产品设计;⑧ 易于局部增强模塑构件,可方便制造含嵌件和局部加厚构件;⑨ 成型过程中散发的挥发性物质很少,有利于身体健康和保护环境。RTM 的缺点为:① 加工双面模具的初始费用较高;② 预成型坯的投资大;③ 对模具中的设置与工艺要求严格。

3. 实验设备和原料

1）RTM 成型设备

RTM 成型设备主要有树脂压注机和模具。

（1）树脂压注机由树脂泵、注射枪组成。树脂泵是一组活塞式往复泵,最上端是一个空气动力泵。当压缩空气驱动空气泵活塞上下运动时,树脂泵使桶中树脂流经流量控制器、过滤器,定量地抽入树脂贮存器,侧向杠杆使固化剂泵运动,将固化剂定量地抽至贮存器。压缩空气充入两个贮存器,产生与泵压力相反的缓冲力,保证树脂和固化剂能稳定地流向注射枪头。注射枪口后有一个静态紊流混合器,可使树脂和固化剂在无气状态下混合均匀,然后树脂和固化剂经枪口注入模具,混合器后面设有清洗剂入口,它与一个有 0.28 MPa 压力的溶剂罐相连,当机器使用完后,打开开关,溶剂自动喷出,将注射枪清洗干净。

（2）RTM 模具分玻璃钢模具、玻璃钢表面镀金属模具和金属模具 3 种。玻璃钢模具容易制造,价格较低。聚酯玻璃钢模具可使用 2 000 次,环氧玻璃钢模具可使用 4 000 次。表面镀金属的玻璃钢模具可使用 10 000 次以上。金属模具在 RTM 工艺中很少使用,一般来讲,RTM 的模具费仅为片状模塑(SMC)的 2%～16%。

2）树脂

因注射成型是在密闭的模具中进行,固化时不可能施加外力和排逸低分子物,故只能使用无溶剂和聚合时无低分子物析出的树脂体系。树脂须具有较低的黏度和较长的使用期,保证在凝胶前充满整个模具,常用的是不饱和聚酯树脂,一些对强度或其他性能有特殊要求的场合,则多采用加温固化的环氧树脂、乙烯基聚酯树脂或丁二烯树脂等。

3）增强材料

常用材料有无碱玻璃纤维制品、短切纤维毡、连续毡、复合毡、功能毡、无捻粗纱布、表面毡以及玻璃纤维织物等。

4）胶衣

为提高制件的耐气候性、耐水性、耐化学性,或为得到极为光洁的表面,在铺设增强材料前,须在模具表面喷射或涂刷胶衣层。

4. 实验步骤

1）实验准备

（1）剪一块玻璃布并称重。

（2）清理模具上下表面及各浇口,涂脱模剂。

（3）把玻璃布放入模具中,盖上上模,拧紧螺栓。

（4）按比例在树脂中加入促进剂,然后放入供料容器中。

（5）将固化剂倒入固化剂瓶中,固化剂瓶高度至少要高于出料口 5 cm。

（6）将提料管插入供料容器中,调节气压阀使材料泵缓慢运动,直到清澈的树脂从回流管流出。

（7）选择固化剂比例,拔出固化剂泵上端连接件的销子,将此端对准所选固化剂比例值的位置,插入销子,再拔下固化剂泵下端连接件上的销子,固定在与上端相同值的位置。

（8）用手上下抽动固化剂泵臂,使固化剂从回流管中流出到固化剂瓶中,连续抽动,直到无气泡且稳定地流出固化剂。

2）RTM 注射

（1）将注射枪上的阀门和固化剂阀门置于注射位置。

（2）将主机控制面板上的注射回流开关置于注射位置。

（3）设置好固化剂的位置。

（4）按住注射枪上的气动阀门,开始注射。

（5）释放注射枪上气动阀门,停止注射。

（6）清洗枪头，步骤为气净—丙酮清洗—气净。

（7）完成以上步骤后，将注射枪上的阀门置于回流的位置。

（8）需要注意的参数：① 在胶衣涂布和固化的工序中，胶衣厚度一般为 $400 \sim 500~\mu m$；② 在纤维及嵌件等铺放过程中，一般使用预成型坯；③ 合模压缩的程度因使用纤维增强材料的种类、形态、纤维含量而变化，对于短切纤维预成型坯，如果纤维体积含量为 15%，则合模压力约为 $49 \sim 78~kPa$。

（9）RTM注射工艺参数调控：① 注胶压力。模具的压力要与模具的材料和结构相匹配，较高的压力需要高强度、高刚度的模具和较大的合模力。如果较高的注胶压力与较低的模具刚度结合，制造出的制件品质就差。② 注胶速度。注胶速度取决于树脂对纤维的润湿性、树脂的表面张力及黏度，受树脂的活性期、压注设备的能力、模具刚度、制件的尺寸和纤维含量的制约。充模的快慢对 RTM 工艺制品的品质影响也不可忽略。由于树脂完全浸渍纤维需要一定的时间和压力，较慢的充模压力和一定的充模反压有助于改善 RTM 的微观流动状况。③ 注胶温度。温度高会缩短树脂的工作期，温度低会使树脂黏度增大，从而导致压力升高，阻碍树脂正常渗入纤维；温度高也会使树脂表面张力降低，使纤维床中的空气受热上升而排出气泡。因此，在未大幅缩短树脂凝胶时间的前提下，为使纤维在最小的压力下充分浸润，注胶温度应尽量接近树脂黏流时的最小温度。

3）后整理

（1）确保清洗剂压力调节阀门关闭，压力表指针在最小处，将阀门旋钮逆时针转到底。

（2）慢慢拉起释放阀，小心泄掉清洗罐中的压力。

（3）当清洗罐中的压力全部泄掉后打开顶盖，倒入适量的丙酮清洗，盖上顶盖。

（4）将压力阀顺时针调节到合适范围。

（5）将注射头对准一个合适的容器，交替打开清洗罐上的空气球阀与丙酮球阀，反复清洗枪头，直到清除枪体中所有残余溶剂。

4）卸模

（1）松开螺栓。

（2）拧紧卸模螺栓，使上下模分离，取出成品板。

（3）去除多余固化树脂，称量计算树脂含量。

（4）清理模具。

5. 实验结果

（1）将相关实验数据记录在表 4-9 中。

表 4-9　RTM 成型工艺数据记录及结果分析

原　　料			
树脂（名称、型号）		树脂黏度	
纤维（名称、型号）		纤维长度	
促进剂（名称、型号）		引发剂（名称、型号）	
固化剂		胶衣	
具体配方			

RTM 成型工艺参数			
注胶压力		注胶速度	
注胶温度		环境温度	

喷射成型制品品质粗检			
	品质优劣	产生原因	预防方法
分层与气泡			
表面气孔			
外观一致性			
表面光洁度			
皮层厚度的均匀性			
皮层鳞片或剥离			
制件收缩			

（2）记录实验过程中出现的现象，分析出现此类现象的原因。

（3）根据实验过程及产品品质建立实验参数与产品品质的基本构效关系，并说明改进的方法。

（4）从不同角度对喷射成型制品拍照，并将照片展示在报告中。

6. 思考题

（1）RTM 工艺具有哪些特点？

（2）哪些制品适合选择 RTM 工艺？

（3）影响 RTM 制品的主要参数有哪些？

（4）简述 RTM 仪器设备的维护须知。

（5）RTM 工艺流程中希望在较低压力下完成树脂压注，RTM 压注时应如何降低压力？

第5章
复合材料物理化学性能测试

实验 13　复合材料力学性能测试

实验 13.1　拉伸性能测试

1. 实验目的

(1) 了解电子万能试验机的使用方法。

(2) 掌握复合材料的拉伸实验方法。

(3) 掌握根据测试曲线对复合材料力学性能进行分析的方法。

2. 实验原理

拉伸实验是复合材料最基本的力学性能实验,它可用来测定纤维增强材料的拉伸性能。实验时对试样轴向匀速施加静态拉伸载荷,直到试样断裂或达到预定的伸长,测量在整个过程中施加在试样上的载荷和试样的伸长量,测定拉伸应力(拉伸屈服应力、拉伸断裂应力或拉伸强度)、拉伸弹性模量、泊松比、断裂伸长率并绘制应力-应变曲线等。

拉伸应力指在试样的标距范围内,拉伸载荷与初始横截面积之比。拉伸屈服应力指在拉伸实验过程中,试样出现应变增加而应力不增加时的初始应力,该应力可能低于试样能达到的最大应力。拉伸断裂应力指在拉伸试验中,试样断裂时的拉伸应力。拉伸强度指材料拉伸断裂之前所承受的最大应力。(注:当最大应力发生在屈服点时称为屈服拉伸强度,当最大应力发生在断裂时称为断裂拉伸强度。)拉伸应变指在拉伸载荷的作用下,试样在标距范围内产生的长度变化率。拉伸屈服应变指在拉伸实验中出现屈服现象的试样在屈服点处的拉伸应变。拉伸断裂应变指试样在拉伸载荷作用下出现断裂时的拉伸应变。拉伸弹性模量指在弹性范围内拉伸应力与拉伸应变之比。(注:使用电脑控制设备时,可以将线性回归方程应用于屈服点以下的应力-应变点间的曲线并测量其斜率,来计算弹性模量。)泊松比指在材料的比例极限范围内,由均匀分布的轴向应力引起的横向应变与相应的轴向应变之比的绝对值。(注:对于各向异性材料,泊松比随应力的施加方向不同而改变。若超过比例极限,该比值随应力变化但不是泊松比。如果仍报告此比值,则应说明测定时的应力值。)应力-应变曲线指由应力与应变的关系图。(注:通常以应力值为纵坐标,应变值为横坐标。)断裂伸长率指在拉力作用下,试样断裂时标距范围内的伸长量与初始长度的比值。

(1) 拉伸应力(拉伸屈服应力、拉伸断裂应力或拉伸强度)计算式

$$\sigma_t = \frac{F}{bd} \tag{5-1}$$

式中,σ_t 为拉伸应力(拉伸屈服应力、拉伸断裂应力或拉伸强度)(MPa);F 为破坏载荷(或最大载荷)(N);b 为试样宽度(mm);d 为试样厚度(mm)。

(2) 断裂伸长率计算式

$$\varepsilon_t = \frac{\Delta L_b}{L_0} \times 100\% \tag{5-2}$$

式中,ε_t 为试样断裂伸长率(%);ΔL_b 为试样拉伸断裂时标距 L_0 内的伸长量(mm);L_0 为测量的标距(mm)。

(3) 拉伸弹性模量计算式

$$E_t = \frac{\sigma'' - \sigma'}{\varepsilon'' - \varepsilon'} \tag{5-3}$$

式中,E_t 为拉伸弹性模量(MPa);σ'' 为应变 $\varepsilon'' = 0.0025$ 时测得的拉伸应力值(MPa);σ' 为应变 $\varepsilon' = 0.0005$ 时测得的拉伸应力值(MPa)。

(4) 泊松比计算式

$$\mu = \frac{\varepsilon_2}{\varepsilon_1} \tag{5-4}$$

式中,μ 为泊松比;ε_1、ε_2 分别为载荷增量 ΔF 对应的轴向应变和横向应变。

$$\varepsilon_1 = \frac{\Delta L_1}{L_1} \tag{5-5}$$

$$\varepsilon_2 = \frac{\Delta L_2}{L_2} \tag{5-6}$$

式中,L_1、L_2 分别为轴向与横向的测量标距(mm);ΔL_1、ΔL_2 分别为与载荷增量 ΔF 对应标距 L_1 和 L_2 的变形增量(mm)。

3. 仪器设备及材料

微控电子万能实验机、游标卡尺、复合材料试样。

测定拉伸应力、拉伸弹性模量、断裂伸长率和应力-应变曲线试样的型式和尺寸如图 5-1~图 5-3 以及表 5-1 所示。

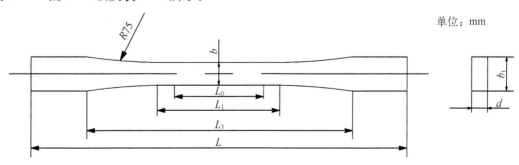

图 5-1　Ⅰ型试样型式

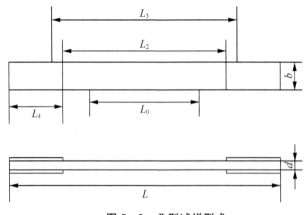

图5－2　Ⅱ型试样型式

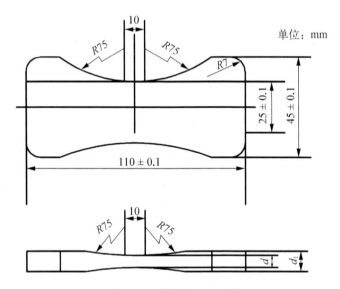

单位：mm

图5－3　Ⅲ型实验型式

注：当试样厚度设定为 6 mm 时,实际拉伸段厚度 d 为(6±0.5) mm,夹具处厚度 d_1 为(10±0.5) mm;当试样厚度设定为 3 mm 时,实际拉伸段厚度 d 为(3±0.2) mm,夹具处厚度 d_1 为(6±0.2) mm。

表5－1　Ⅰ型、Ⅱ型试样尺寸　　　　　　　　　　　　单位：mm

符　号	名　　称	Ⅰ　型	Ⅱ　型
L	总长(最小)	180	250
L_0	标距	50±0.5	100±0.5
L_1	中间平行段长度	55±0.5	—
L_2	端部加强片间距离	—	150±0.5
L_3	夹具间距离	115±5	170±5
L_4	端部加强片长度(最小)	—	50

(续表)

符　号	名　　　称	Ⅰ　型	Ⅱ　型
b	中间平行段宽度	10 ± 0.2	25 ± 0.5
b_1	端头宽度	20 ± 0.5	—
d	厚度	$2\sim10$	$2\sim10$

Ⅰ型试样适用于纤维增强热塑性和热固性塑料板材;Ⅱ型试样适用于纤维增强热固性塑料板材。Ⅰ、Ⅱ型仲裁试样的厚度为 4 mm。

Ⅲ型试样只适用于测定模压短切纤维增强塑料的拉伸强度,其厚度为 3 mm 或 6 mm。仲裁试样的厚度为 3 mm。测定短切纤维增强塑料的其他拉伸性能可以采用Ⅰ型和Ⅱ型试样。

测定泊松比的试样型式和尺寸如图 5-4 所示。

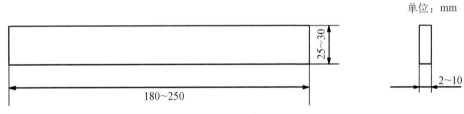

图 5-4　泊松比试验

Ⅰ、Ⅱ型及泊松比试样采用机械加工法制备,Ⅲ型试样采用模塑法制备。Ⅱ型试样加强片材料、尺寸的要求及黏结工艺如下。

加强片采用与试样相同的材料或比试样弹性模量低的材料。

加强片的厚度为 1~3 mm;若用单根试样黏结则加强片宽度为试样的宽度,若采用整个黏结再加工成单根试样时,则加强片宽度要满足所要加工试样数量的要求。

在黏结加强片前,先用砂纸打磨黏结表面,注意不要损伤材料强度;再用溶剂(如丙酮)清洗黏结表面;然后用韧性较好的室温固化黏结剂(如环氧胶黏剂)黏结;最后对试样黏结部位施加压力并保持一定时间直至完成固化。

4. 实验步骤

(1) 试验准备。将合格试样进行编号、测量和划线,用游标卡尺测量试样工作段任意三处的宽度 b、厚度 h 和标距 L_0,取算术平均值,精确到 0.01 mm。

(2) 夹持试样。使试样的中心线与实验机上下夹具的对准中心线一致,夹紧。(注:Ⅲ型试样选择对应夹具。)

(3) 准备加载。测定拉伸弹性模量、泊松比、断裂伸长率并绘制应力-应变曲线时,加载速度一般为 2 mm/min。测定拉伸应力(拉伸屈服应力、拉伸断裂应力或拉伸强度)时,可分以下两种情况:① 常规试验中,Ⅰ型试样的加载速度为 10 mm/min;Ⅱ、Ⅲ型试样的加载速度为 5 mm/min;② 仲裁试验中,Ⅰ、Ⅱ和Ⅲ型试样的加载速度均为 2 mm/min。

(4) 在试样工作段安装测量变形的仪表。施加初载(约为破坏载荷的 5%),检查并调整试样及变形测量仪表,使整个系统处于正常工作状态。

（5）测定拉伸应力时连续加载直至试样破坏，记录试样的屈服载荷、破坏载荷或最大载荷及试样破坏形式。

5. 实验结果

（1）将测得的原材料的宽度、厚度、标距等记录在表5-2中，并进行数据处理。

（2）利用计算机画出各个复合材料试样的应力-应变曲线。

（3）按照式(5-1)～式(5-6)计算各试样力学性能，并记录在表5-2中。

（4）比较不同复合材料的拉伸力学性能差别，并解释说明其原因。

表5-2 拉伸性能数据记录及处理

设备名称、型号：＿＿＿＿＿＿＿＿＿＿＿＿＿＿　生产厂家：＿＿＿＿＿＿＿＿＿＿＿＿＿＿＿

序号	试样材料	试样宽度 b/mm	试样厚度 h/mm	标距 L_0/mm	拉伸应力 σ_t/MPa	断裂伸长率 ε_t/%	拉伸弹性模量 E_t/MPa	泊松比 μ
1								
2								
3								
4								
5								
平均值	—	—	—	—				

6. 注意事项

（1）若试样出现以下情况应予作废：① 试样在有明显内部缺陷处破坏；② Ⅰ型试样在夹具内或圆弧处破坏；③ Ⅱ型试样在夹具内破坏或试样断裂处离夹紧处的距离小于10 mm。

（2）同批有效试样不足5个时，应重做实验。

（3）Ⅲ型试样在非工作段破坏时，仍用工作段横截面积来计算拉伸强度，且应记录试样断裂位置。

7. 思考题

拉伸试样的中心线为什么要与实验机上下夹具的对准中心线一致？

实验 13.2　弯曲性能测试

1. 实验目的

（1）了解电子万能试验机的使用方法。

（2）掌握复合材料的弯曲性能测试方法。

（3）学习根据测试曲线进行数据处理和分析。

2. 实验原理

复合材料的弯曲实验中试样的受力状态比较复杂，有拉力、压力、剪切力、挤压力等，因而对成型工艺配方、实验条件等因素的敏感性较大。在实验中采用无约束支撑，通过三点弯曲，以恒定的加载速率使试样破坏或达到预定的挠度值。在整个过程中,测量施加在试样上的载荷和试样的挠度,确定弯曲强度、弯曲弹性模量以及弯曲应力-应变的关系。

弯曲应力指标距中点试样外表面的应力。弯曲强度指试样的弯曲破坏达到破坏载荷或最大载荷时的弯曲应力。挠度指标距中点试样外表面在弯曲过程中距初始位置的距离。弯曲应变指标距中点试样外表面的长度变化率。弯曲弹性模量指材料在弹性范围内,弯曲应力与相应的弯曲应变之比。载荷-挠度曲线是弯曲实验中记录的力对变形的关系曲线。根据复合材料的载荷-挠度曲线可以计算复合材料的弯曲强度 σ_b 和弯曲弹性模量 E_b:

$$\sigma_b = \frac{3PL_0}{2bh^2} \tag{5-7}$$

$$E_b = \frac{L_0^3 \Delta P}{4bh^3 \Delta S} \tag{5-8}$$

式中,σ_b 为弯曲强度(MPa);P 为破坏载荷(或最大载荷)(N);L_0 为标距(mm);b 为试样宽度(mm);h 为试样厚度(mm);E_b 为弯曲弹性模量(MPa);ΔP 为载荷-挠度曲线上初始直线段的载荷增量(N);ΔS 为与载荷增量 ΔP 对应的标距中点处的挠度(mm)。

若考虑挠度 S 作用下支座水平分力对弯曲的影响,可按下式计算弯曲强度。

$$\sigma_f = 2 \frac{3P \cdot L_0}{2b \cdot h^2} \left[1 + 4(S/L_0)^2 \right] \tag{5-9}$$

式中,S 为试样标距中点处的挠度(mm)。

采用自动记录装置时,对于给定的应变 $\varepsilon'' = 0.0025$、$\varepsilon' = 0.0005$,弯曲弹性模量按式(5-10)计算:

$$E_b = 500(\sigma'' - \sigma') \tag{5-10}$$

式中,E_b 为弯曲弹性模量(MPa);σ''为应变为 0.0005 时测得的弯曲应力(MPa);σ'为应变 ε'' 为 0.0025 时测得的弯曲应力(MPa)。如材料说明或技术说明中另有规定,ε' 和 ε'' 可取其他值。

试样外表面的应变 ε 按式(5-11)计算:

$$\varepsilon = \frac{6S \cdot h}{L_0^2} \tag{5-11}$$

3. 实验设备及原材料

微控电子万能试验机、游标卡尺、复合材料试样。

复合材料试样加载形式如图 5-5 所示。加载上压头应为圆柱面,其半径 R 为(5±0.1)mm。支座圆角半径 r:试样厚度 $h > 3$ mm 时,$r = (2 \pm 0.2)$ mm;试样厚度 $h \leqslant 3$ mm 时,$r = (0.5 \pm 0.2)$ mm,若试样出现明显支座压痕,r 应改为 2 mm。

试样尺寸如表 5-3 所示。仲裁试样尺寸如表 5-4 所示。

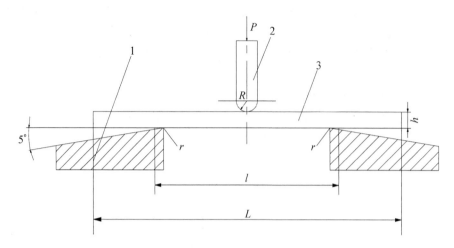

1—试样支座;2—加载上压头;3—试样;L_0—标距;P—载荷;L—试样长度;
d—试样厚度;R—加载上压头圆角半径;r—支座圆角半径。

图 5-5　试样加载示意图

表 5-3　试样的尺寸　　　　　　　　　　　　　　单位:mm

厚度 h	纤维增强热塑性塑料宽度	纤维增强热固性塑料宽度	最小长度 L_{min}
1＜h≤3	25±0.5	15±0.5	
3＜h≤5	10±0.5	15±0.5	
5＜h≤10	15±0.5	15±0.5	
10＜h≤20	20±0.5	30±0.5	20h
20＜h≤35	35±0.5	50±0.5	
35＜h≤50	50±0.5	80±0.5	

表 5-4　仲裁试样尺寸　　　　　　　　　　　　　单位:mm

材　　料	长度 L	宽度 b	厚度 h
纤维增强热塑性塑料	≥80	10±0.5	4±0.2
纤维增强热固性塑料	≥80	15±0.5	4±0.2
短切纤维增强材料	≥120	15±0.5	6±0.2

4. 操作步骤

(1) 给试样编号,在试样上划线,测量试样中间 1/3 标距处任意三点的宽度 b 和厚度 h,取算术平均值,精确到 0.01 mm。

(2) 调节标距 L_0 及上压头的位置,使加载上压头位于支座中间,且上压头和支座的圆柱面轴线相平行。标距 L_0 可按试样厚度 h 换算而得,$L_0=(16\pm1)h$。

注:对于很厚的试样,为避免层间剪切破坏,L_0/h 可大于 16,可取值为 32 或 40;对于很薄的试样,为使其载荷落在试验机许可的载荷容量范围内,L_0/h 可小于 16,可取值为 10。

（3）标记试样受拉面，将试样对称地放在两支座上。

（4）将测量变形的仪表置于标距中点处，与试样下表面接触。施加初载（约为破坏载荷的5％），检查和调整仪表，使整个系统处于正常状态。

（5）选择合适的加载速度连续加载。测定弯曲强度时，常规实验速度为 10 mm/min；仲裁速度为试样厚度值的一半。测定弯曲弹性模量及载荷-挠度曲线时，实验速度一般为2 mm/min。

（6）测定弯曲强度时，连续加载，若挠度达到 1.5 倍试样厚度且材料被破坏，记录最大载荷或破坏载荷。若挠度达到 1.5 倍试样厚度但材料未被破坏，则记录该挠度下的载荷。

（7）若试样呈层间剪切破坏、有明显内部缺陷或在距试样中点三分之一以外处破坏，则其数据予以作废，同批有效试样不足 5 个时，应重做实验。

5. 实验结果

（1）将测得的原材料的宽度、厚度等记录在表 5-5 中并进行数据处理。

（2）利用计算机画出各个复合材料试样的弯曲力学性能曲线。

（3）按照相应公式计算试样力学性能，并记录在表 5-5 中。

（4）比较不同复合材料的弯曲力学性能差别，建立影响弯曲性能的各因素之间的关联性。

表 5-5　弯曲性能实验数据记录及计算

设备名称、型号：_____　　生产厂家：_____

序号	试样材料	试样宽度 b/mm	试样厚度 h/mm	弯曲强度 σ_b/MPa	弯曲弹性模量 E_f/MPa	试样表面层应变 ε/%
1						
2						
3						
4						
5						
平均值	—	—	—			

6. 思考题

讨论试样弯曲过程中的应力状态。

实验 13.3　冲击性能测试

1. 实验目的

（1）了解冲击试验机的使用方法。

（2）掌握简支梁式冲击韧性实验方法。

2. 实验原理

冲击强度是评价材料抵抗冲击破坏能力的指标，表征材料韧性大小，因此冲击强度也常被称为冲击韧性。将开有 V 形缺口的试样两端水平放置在支撑物上，缺口背向冲击摆锤，摆锤向试样中间撞击一次，使试样受冲击时产生应力集中而迅速破坏，测定试样的吸收能量。冲击实验的应用主要有：作为韧性指标,为选材和研制新的复合材料提供依据;检查和控制复合材料产品质量;评定材料在不同温度下的脆性转化趋势;确定应变失效敏感性。

对于不能自动计算冲击性能的试验机,可按式(5-12)计算试样的冲击韧性 a_k:

$$a_k = \frac{W}{bh} \qquad (5-12)$$

式中,W 为冲断试样所消耗的功(J);b 为试样缺口处的宽度(cm);h 为试样缺口处的厚度(cm)。

3. 仪器设备及原材料

摆锤式冲击试验机、游标卡尺、复合材料试样。

简支梁式摆锤冲击试验机工作原理如图5-6所示。

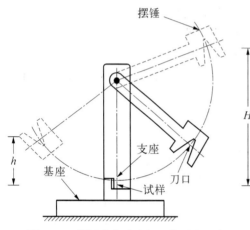

图5-6 摆锤冲击试验机工作原理示意图

如果摆锤的质量用 m 表示,摆杆长度为 L,则摆锤打下所做的功为 W_0:

$$W_0 = mL(1-\cos\alpha) \qquad (5-13)$$

$$W_0 = mL(1-\cos\beta) + W + W_\alpha + W_\beta + \frac{1}{2}m'v^2 \qquad (5-14)$$

式中,W 为打断试样所消耗的功;W_α 为在摆角 α 内克服空气阻力所消耗的功;W_β 为在摆角 β 内克服空气阻力所消耗的功;$\frac{1}{2}m'v^2$ 为试样被打断后飞出试样的动能;$mL(1-\cos\beta)$ 为打断试样后摆锤仍具有的势能。

一般情况下 W_α、W_β 和 $\frac{1}{2}m'v^2$ 三项可忽略不计,于是上述公式组合后为

$$W = mL(\cos\beta - \cos\alpha) \qquad (5-15)$$

冲击强度 a_k 为打断试样单位横截面积上所消耗的功:

$$a_k = \frac{W}{A} \qquad (5-16)$$

式中,A 为试样的横截面积(cm^2);W 为打断试样所消耗的功(J)。

复合材料试样型式及尺寸:缺口方向与织物垂直的试样型式及尺寸如图5-7(a)所示;缺口方向与织物平行的试样型式及尺寸如图5-7(b)所示,短切纤维增强塑料的试样型式及尺寸如图5-7(c)所示。

4. 实验步骤

1) 实验准备

将制备好的试样编号,精确测量试样的宽度、厚度和缺口深度,精确到0.02 mm;然后将试样放入标准环境[温度为(23±2)℃、相对湿度为45%～55%]或干燥器中平衡24 h。当试

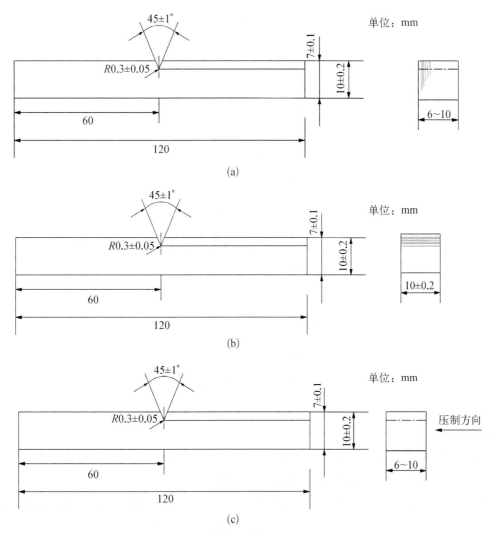

图 5-7　试样规格示意图

样宽度、厚度或缺口深度任意一数据的离散系数小于 5% 时,试样数量为 5 个;当其离散系数均大于 5% 时,试样数量不得少于 10 个。

2) 选择摆锤

选择能量合适的摆锤,使冲断试样所消耗的功落在满能量的 10%～80% 范围内。

3) 调节标距

用标准跨距板调节支座的标距,使其为(70±0.5) mm。

4) 清零

实验前应先使摆锤自然静止,按清零键使角度值变为零。

5) 空载冲击

作一次空载冲击实验,系统会自动记录并补偿空气阻力损耗。

6) 测试试样

如图 5-8 所示,用试样定位板将试样安放在试样支座上,缺口背对摆锤。设置仪器参数并输入试样规格,进行冲击,记录冲断试样所消耗的功、冲击韧性及试样的破坏形式。

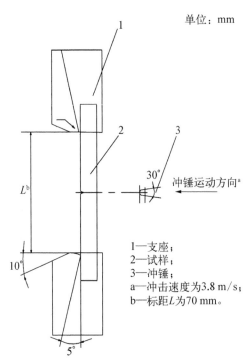

单位：mm

1—支座；
2—试样；
3—冲锤；
a—冲击速度为3.8 m/s；
b—标距L为70 mm。

图 5-8 试样放置示意图

注：有明显内部缺陷的试样和不在缺口处断裂的试样都应作废。

5. **实验结果**

（1）将测得的原材料长、宽、厚以及缺口深度等记录在表5-6中并进行数据处理。

（2）按照相应公式计算试样冲击韧性，并记录在表5-6中。

（3）比较不同复合材料抗冲击性能的差别，建立影响冲击性能各因素之间的关联性。

表 5-6 冲击性能实验数据记录及计算

设备名称、型号：_____   生产厂家：_____

序号	试样材料	试样尺寸 （长×宽×厚）/mm	缺口深度 /mm	吸收功 /J	冲击韧度 /(kJ/m²)
1					
2					
3					
4					
5					
平均值	—	—	—	—	

6. **注意事项**

（1）试样被冲击后有些会飞出，尽量站在试验机左侧，注意避免撞击和划伤。

（2）一次冲击后，应在摆锤摆回至挂靠侧最高点时顺势抓牢挂靠，以防手腕受伤。

（3）5 个平行试样为一组数据,若有个别试样偏差较大,应重新测量。

7. 思考题

（1）冲击试样为什么要开缺口？

（2）如何根据冲击实验结果判断试样的脆韧性？

（3）如何选择合适的冲击摆锤？

实验 14　复合材料电阻率的测定

1. 实验目的

（1）了解电阻系数测试仪的一般原理及结构。

（2）掌握复合材料表面电阻和体积电阻系数的测试方法和操作要点。

2. 实验原理

电阻率是用来表示各种物质电阻特性的物理量。某种材料所制成原件的电阻和其横截面积的乘积与该原件长度的比值称为这种材料的电阻率。电阻率与导体的长度、横截面积等因素无关,是导体材料本身的电学性质,由导体的材料性质决定,且与温度有关。按照电阻率大小,材料可以分为导体、半导体和绝缘体三大类。一般以 106 Ω·cm 和 1 012 Ω·cm 为基准,电阻率低于 106 Ω·cm 的材料为导体,高于 1 012 Ω·cm 的为绝缘体,介于两者之间的为半导体。然而,在实际中材料导电性的区分又往往随应用领域的不同而不同,材料导电性能的界定是十分模糊的。

测量材料电阻系数的原理仍然是欧姆定律 $(R = U/I)$,让试样与两电极接触,给两电极施加一个直流电压,材料试样表面和内部就会产生一直流电流,该电压与电流之比就是该试样的电阻,结合试样的具体尺寸就能计算它的电阻系数(或电阻率)。绝缘材料的电阻 R 很大,电流 I 很小,所以测量高电阻仪器的电流放大系统的可靠性和准确性很重要,其至决定实验是否成功。另外输入电源电压以及仪器内部变压升压值的准确性也直接影响测量结果,因此,仪器的电源最好是稳压源。电极与试样接触是否良好也是一个重要影响因素。实验时电阻值是可以直接读出来的,电阻率则通过电阻与试样尺寸关系的计算而得到。

体积电阻指在试样表面两电极间所加直流电压与流过这两个电极之间的稳态电流之商,不包括沿试样表面的电流,且在两电极上可能形成的极化忽略不计。体积电阻率指在绝缘材料内直流电场强度和稳态电流密度之商,即单位体积内的体积电阻。表面电阻指在试样表面两电极间所加电压与在规定的电化时间里流过两电极间的电流之商,在两电极上可能形成的极化忽略不计。表面电阻率指在绝缘材料表面直流电场强度与线电流密度之商,即单位面积的表面电阻。

可按式(5-17)和式(5-18)分别计算被测试样的体积电阻率 ρ_V(单位：Ω·cm)和表面电阻率 ρ_s(单位：Ω)

$$\rho_V = R_V \frac{\pi r^2}{h} \tag{5-17}$$

$$\rho_s = R_s \frac{2\pi}{\ln \dfrac{d_2}{d_1}} \tag{5-18}$$

式中,R_V 为体积电阻(Ω);R_s 为表面电阻(Ω);h 为试样厚度(cm);r 为圆电极半径,$r = d/2$(cm);d_2 为外圈圆环电极内径(cm);d_1 为圆电极直径(cm)。

3. 实验仪器及设备

LCR 智能电桥的电阻为 0.001~100 MΩ;高阻表,测量范围为 10^6~10^{15} Ω;电极装置;电源稳压器;

LCR 智能电桥是一种综合电器测量仪,测量原理是欧姆定律,测量结果由仪器自动显示出来;仪器上只有两电极与外部相连,测量时将试样电极与仪器两电极连接就可以了。

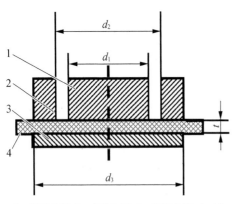

1—测量电极;2—保护电极;3—高压电极;4—试样;t—试样厚度;d_1—测量电极直径;d_2—保护。

图 5-9　板状试样与电极

高阻表由带屏蔽盒的圆形电极装置(见图 5-9)、变压器、微电流放大器及显示装置(毫安表,毫安值已转换或电阻值)四部分组成。

4. 实验步骤

1) 导电复合材料电阻系数的测定

(1) 试样准备。测量前将试样放在干燥器中处理至少 24 h。试样是圆形板状,平整,厚度均匀,表面光滑,无气泡和裂纹。试样直径为 50 mm 或 100 mm,厚度为 1~4 mm;试样数量为 5 个。

(2) 安装试样。按图 5-9 安装好试样。

(3) 测量。将 LCR 智能电桥接入电源,按 R 键,R 下面二极管发光,进入测量状态。

(4) 试样电阻测试。将测量电极与智能电桥的两个输入电极相连,如果分别与 1、3 电极连接,则仪器显示的是试样的体积电阻值 R_V;如果分别与 1、2 电极连接,则显示的是环形表面电阻值 R_s。

2) 绝缘复合材料电阻率的测定

(1) 试样准备。与测定电阻系数时的准备过程一样。

(2) 击穿实验鉴定试样。在实验前要做耐电压击穿试验,要求试样耐 1 500 V 电压,否则在测试中试样一旦被击穿,对高阻表和电极的损坏是非常严重的。一般玻璃钢板材如没有杂质,耐压可达 10 kV/mm,所以如不能做耐压测定,就必须仔细检查试样,其中不应有导电杂质混入。

(3) 接线。为保证电极与试样接触良好,用医用凡士林将退火铝箔粘贴在试样的两面,凡士林应很薄且均匀,按图 5-10 接线。当绝缘电阻值大于 10^{10} Ω 时,测量结果易受外界电磁场干扰,影响数值的精确度,故应用铁盒屏蔽电极和试样,连接线采用同轴屏蔽电缆,并接地。

(4) 校正、调零。开机之前检查仪表各旋钮位置,欧姆表置于"0"位,电压表置于"0"位,测量-调零钮置于"调零"位,保持工作钮置于"工作"位,然后才能开机。开机后预热 1 h,将电表指针调整为零,即电阻值为无穷大。

(5) 选择开关。选择测试电压和倍率开关,取 R_V 或 R_s 档。

(6) 测量。将开关放于"测量"位置,打开输入电路开关就可读出一个电阻值,此电阻值乘以倍率,并乘以电压开关所指系数就为所测得的 R_V 或 R_s。

(7) 短路放电。将开关从"测量"位置调换成"放电"位置,使试样两面短路放电。

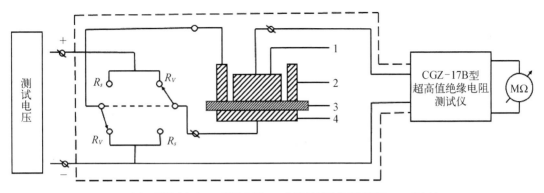

1—上电极(测量电极);2—保护电极;3—绝缘材料试样(平板型);4—底电极。

图 5－10　高阻表外接线示意图

(8) 记录数据。取试样测三点以上的厚度,取平均值,测量电极的 d_1 和 d_2,也可由仪器说明书提供 d_1 和 d_2 值。

5. 实验结果

(1) 将测得的原材料的厚度等记录在表 5－7 中并进行数据处理。其中提前预设有关仪器设备的参数。

(2) 按照相应公式计算体积电阻率和表面电阻率,并记录在表 5－7 中。

(3) 比较不同复合材料电阻率的差别,并解释说明其原因。

(4) 根据实验结果分析降低或者提高电阻率的方法。

表 5－7　电阻率测定数据记录及计算

设备名称: _____　　　设备型号: _____

生产厂家: _____　　　试样材料: _____

序号	h/mm	R_V/Ω	R_s/Ω	$\rho_V/(\Omega \cdot cm)$	ρ_s/Ω
1					
2					
3					
4					
5					
平均值					

6. 注意事项

(1) 对于绝缘复合材料试样最好只测一次,如测第二次则须使试样充分放电,否则残余电场会导致测量失误。

(2) 使用高阻表的高压档时,要注意免遭电压击伤。

(3) 潮湿环境将严重影响实验结果,要选择干燥的房间作为电性能测试室。

7. 思考题

(1) 使用高阻表时需注意哪些事项?

(2) 影响复合材料电阻率的因素有哪些?

（3）电学性能不同的复合材料在测定其电阻率时有哪些不同？

实验15 复合材料导热系数的测定

1. 实验目的
（1）了解导热仪的测试原理和使用方法。
（2）掌握复合材料导热系数的测试方法。

2. 实验原理

热是一种能量,传热是能量的交换或流动,传热有很多种形式,包括对流、辐射以及传导。材料内部热传导是通过能量交换或自由电子漂移的方式完成的。

傅里叶传导定律表明,热传导的快慢与材料横截面积、温度梯度、导热系数成正比,用方程可表示为

$$\Phi = \lambda A \frac{\Delta T}{\Delta x} \tag{5-19}$$

式中,Φ 为热流量（W）;λ 为导热系数[W/(m·K)];A 为热传导的横截面积（m^2）;$\Delta T/\Delta x$ 为温度梯度（K/m）。

护热板法指在稳定状态下,单向热流垂直流过板状试样,通过测量在规定传热面积内一维恒定热流量及试样冷热表面的温度差,可以计算出试样的导热系数。

热流量指单位时间内通过一个面内的热量。热流量密度指垂直于热流方向的单位面积热流量。导热系数是材料导热特性的一个物理指标,数值上等于热流密度除以负温度梯度。试样平均温度指稳定状态时,试样的高温面温度和低温面温度的算术平均值,也可简称为平均温度。试样温度差指稳定状态时,试样的高温面温度和低温面温度的差值。

导热系数这一概念针对仅存在导热这一传热形式的系统,当存在如辐射、对流和传质等多种传热形式时,系统的复合传热关系通常称为表观导热系数、显性导热系数或有效导热系数。此外,导热系数是针对均质材料而言的,实际情况下,还存在多孔、多层、多结构、各向异性的材料。因此,复合材料获得的导热系数实际上是一种综合导热性能的表现,也称为平均导热系数。

利用护热板导热仪可测定复合材料的导热系数,可按式（5-20）进行计算,取2位有效数字。

$$\lambda = \frac{Pd}{A(t_1 - t_2)} \tag{5-20}$$

式中,λ 为导热系数[W/(m·K)];P 为主加热板稳定时的功率（W）;d 为试样厚度（m）;A 为主加热板的计算面积,对特定测试装置而言该数值为固定值（m^2）;t_1,t_2 分别为试样的高低温度（℃）。

3. 实验设备及原材料
护热板导热仪、复合材料试样。

护热板导热仪包括热板、冷热源控制系统和智能测量仪三部分。热板包括主加热板、护加

热板以及背护加热板三部分。主加热板和护加热板由电阻加热器及智能测量仪控温,背护加热板由精密恒温水槽控温,使 3 块加热板的温度保持一致。冷板由铝板、半导体制冷体和冷却水套组成,可将冷板温度精确控制在设定值。智能测量仪用于测量及控制整个测试系统的温度,以实现全自动测试。

试样边长或直径应与加热板相等,通常为 100 mm。试样厚度至少是 5 mm,最大不大于其边长或直径的 1/10。试样表面平整,表面不平度不大于 0.50 mm/m;试样两表面平行。每组试样不少于 3 块。

4. 实验步骤

1)试样准备

至少测量 4 次试样厚度,精确到 0.01 mm,取算术平均值。

2)安装试样

注意消除空气夹层,并对试样施加一定的压力。

3)调节温差

调节主加热板与护加热板以及主加热板与底加热板之间的温差,使之达到平衡,由温度不平衡所引起的导热系数测试误差不得大于 1%。

4)记录温差

达到稳定状态后,测量主加热板功率和试样两面的温差即可。所谓稳定状态是指在主加热板功率不变的情况下,30 min 内试样表面温度波动不大于试样两面温差的 1%,且最大不得大于 1℃。

5)对比实验

为了研究温度和湿度对导热系数的影响,在不同温度和湿度条件下按上述步骤对导热系数进行 3~5 次测试,并比较分析。测试前先将试样放置在不同湿度的环境中平衡 24 h,然后将试样的各面用 4 层塑料薄膜包裹起来。薄膜的水蒸气渗透阻为 1.5 m,可视为不透气。塑料薄膜的厚度和热阻均可以忽略。

5. 实验结果

(1)将测得的原材料的厚度、面积、温度等记录在表 5-8 中并进行数据处理。其中有关仪器设备的参数已提前预设。

(2)按照式(5-20)计算每个试样的导热系数,并求出每组试样的平均值,记录在表 5-8 中。

表 5-8 导热系数测定数据记录及计算

试样材料:_____　　　设备名称:_____
设备型号:_____　　　生产厂家:_____

序号	d/m	A/m^2	$t_1/℃$	$t_2/℃$	$\lambda/[W/(m \cdot K)]$
1					
2					
3					
平均					

（3）将在步骤 5 中所得到的不同湿度、不同温度下试样的导热系数记录在表 5-9 中并进行比较，利用计算机作图。

（4）根据所作的图分析温度、湿度对试样的影响，并讨论其原因。

表 5-9　温度、湿度及导热系数数据记录

试样材料：＿＿＿＿＿＿＿＿　　　　设备名称：＿＿＿＿＿＿＿＿

设备型号：＿＿＿＿＿＿＿＿　　　　生产厂家：＿＿＿＿＿＿＿＿

序号	温度℃	湿度%	$\lambda/[W/(m \cdot K)]$
1			
2			
3			
4			
5			

6. 思考题

（1）测量材料导热系数的方法有哪几种？

（2）平板导热仪适合测定哪些材料？有何优缺点？

（3）湿度和温度如何影响材料的导热系数？

（4）从结构上讲，影响复合材料导热系数的因素有哪些？

实验 16　复合材料耐燃烧性能的测定

实验 16.1　纤维增强塑料燃烧性能测试方法——炽热棒法

1. 实验目的

（1）掌握炽热棒法实验要点。

（2）掌握标准条件下燃烧性能的表示方法。

2. 实验原理

按规定的尺寸将材料制备成长方体，在距自由端 25 mm 和 75 mm 处各划一条标线，夹住试样另一端，使其长轴呈水平状态并垂直于炽热棒。通电加热炽热棒，控制温度为 955℃，使试样自由端与炽热棒接触一定时间后移开，记录试样燃烧时间、烧蚀长度、燃蚀质量损失、燃烧现象等指标，评定复合材料试样的燃烧性能。

记录从炽热棒接触试样起到试样第一次出现火焰的时间 t_1 以及炽热棒离开试样到试样火焰熄灭的时间 t_n，精确至 1 s。$t=t_n-t_1$ 为燃烧时间。

分别计算试样烧蚀长度 L(mm) 和烧蚀质量损失 α(%)：

$$L=L_0-L_R \tag{5-21}$$

$$\alpha=\frac{m_0-m_R}{m_R}\times100\% \tag{5-22}$$

式中, L_0 为试样的初始长度(mm),精确到 0.05 mm; m_0 为试样的初始质量(mg),精确到 1 mg; L_R 为冷却后的试样未烧蚀的长度(mm),精确到 0.05 mm; m_R 为剩余试样的质量(mg),精确到 1 mg。

3. 实验设备及原材料

通风橱、炽热棒实验仪、秒表、游标卡尺、分析天平、阻燃复合材料。

炽热棒实验仪如图 5-11 所示,由试样夹、电发热硅碳棒和辅助支架组成。

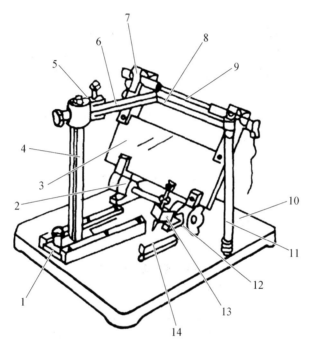

1—滑动底板;2—轴承;3—绝缘支架;4—立柱;5—试样夹;6—试样;7—夹具;8—定位棒;
9—炽热棒;10—底板;11—定位棒立柱;12—止动螺钉;13—平衡重锤;14—垫片。

图 5-11 炽热棒实验仪示意图

阻燃复合材料平板尺寸为 120 mm×10 mm×4 mm。

4. 实验步骤

1) 试样准备

按 120 mm×10 mm×4 mm 的尺寸加工 10 根试样,并注明 A 面(上表面)和 B 面(下表面),将试样放置在干燥器中平衡至少 24 h(A 面向上以及 B 面向上各 5 根)。

2) 试样测量

测量试样长度 L_0,质量 m_0,长度精确到 0.05 mm,质量精确到 1 mg。

3) 校定试样装卡位置

选直径为 8 mm 的玻璃棒或金属棒作为定位棒,将清理干净的炽热棒倾斜,将定位棒转至炽热棒原位,水平固定试样,使试样端面与定位棒接触,然后转开定位棒,将试样夹紧。

4) 炽热棒准备及校准

将炽热棒放入通风橱中,关闭橱窗通风和抽气开关,待实验结束后再迅速抽气通风。

用交流或直流电压加热炽热棒,用变压器控制电流并使炽热棒温度稳定在(955±15)℃

[可以用纯度为 99.8%、厚度为 0.06 mm 的银箔(熔点为 955℃)校准炽热棒温度;亦可用高温热电偶和温度记录仪器来校准]。

　　5) 开始实验

在炽热棒达到 955℃时用绝缘支架转动炽热棒,使它与试样端口接触,由于有平衡重锤,炽热棒和试样有 0.3 N 的接触力,一接触时马上用秒表开始计时,加热 180 s,再将炽热棒转离试样,断电熄火。

　　6) 记录数据

记录在炽热棒接触试样起到试样第一次出现火焰的时间 t_1,炽热棒离开试样起到试样火焰熄灭的时间 t_n(精确至 1 s),并计算燃烧时间 $t = t_n - t_1$。同时记录燃烧时的现象:明火、阴火、火焰大小、烟雾大小、烟雾和火焰的颜色、燃烧中试样是否开裂分层等。

　　7) 燃烧后处理

准确测定冷却后试样的未烧蚀长度 L_R(精确到 0.05 mm)和剩余质量 m_R(注意区分真烧和烟熏变色的差别),精确到 1 mg。

　　8) 对比实验

调换试样 AB 面,重新按步骤 1～8 进行实验,观察各燃烧指标是否有明显差别。

5. 实验结果

(1) 将试样的长度、质量以及实验过程中的时间等数据记录在表 5-10 中,计算烧蚀长度及质量。

表 5-10　炽热棒法测燃烧性能数据记录及计算

试样材料:＿＿＿＿＿＿＿　　　设备名称:＿＿＿＿＿＿＿
设备型号:＿＿＿＿＿＿＿　　　生产厂家:＿＿＿＿＿＿＿

序号	L_0/mm	m_0/mg	t_1/s	t_n/s	t/s	L_R/mm	m_R/mg	L/mm	α/%
1									
2									
3									
4									
5									
平均									

(2) 分别记录 5 个 A 面向上和 5 个 B 面向上的试样燃烧指标:平均燃烧时间、平均烧蚀长度以及平均烧蚀质量损失,并进行比较。

(3) 结合所观察的实验现象写出简要评述意见。

实验 16.2　玻璃纤维增强塑料燃烧性能实验方法——氧指数法

1. 实验目的

(1) 掌握氧指数实验方法的操作要点。

（2）掌握用氧指数表征燃烧性能与其他方法的联系与区别。

2. 实验原理

氧指数的定义为点燃试样后,使试样能平稳燃烧 50 mm 或燃烧时间为 3 min 时所需的氧、氮混合气体中最低的氧气体积分数,用百分数表示,如最低氧气浓度为 22％,则称氧指数为 22％。氧指数越高,越不易着火。因为空气中氧气的含量为 22％左右,因此有的文件规定,氧指数在 25％以下的物质为易燃物;氧指数在 28％以上的为阻燃物;氧指数在 50％以上的为难燃或不燃物。但是这一燃烧性能分类标准还没有成为国家标准。

氧指数的计算:

$$\alpha_{LOI} = \frac{V_{O_2}}{V_{O_2} + V_{N_2}} \times 100\% \tag{5-23}$$

式中,V_{LOI} 为氧指数;V_{O_2} 为氧气体积;V_{N_2} 为氮气的体积。

3. 实验设备及原材料

氧指数测定仪、秒表(精度为 0.1 s)、游标卡尺(精度为 0.02 mm)、阻燃复合材料。

氧指数测定仪如图 5-12 所示。它由燃烧筒、试样夹、气体供应系统、测定及控制系统、点火器等组成。

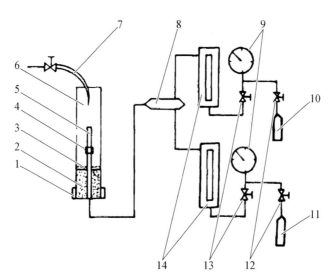

1—底座;2—玻璃珠;3—金属网;4—试样夹;5—试样;6—燃烧筒;7—点火器;8—气体混合器;
9—压力表;10—氧气瓶;11—氮气瓶;12—稳压器;13—调节阀;14—转子流量计。

图 5-12　氧指数测定仪示意图

燃烧筒内径为(75±3) mm,高度为(450±5) mm,底部填充直径为(4±1) mm 的玻璃珠,填充高度为(100±5) mm,玻璃珠上放一金属网,混合气体在筒内的流速为(4±1) m/s。若流速为 4 cm/s,则内径为 75 mm 的圆筒截面积为 $\pi(7.5 \text{ cm})^2/4 = 44.16 \text{ cm}^2$,每秒流量为 4 cm/s×44.16 cm² = 176.6 cm³,每分钟流量为 10 597.5 cm³,即 10.6 L/min。然后按初始实验浓度分配氧气和氮气的流量,具体方程式为

$$V_{O_2} + V_{N_2} = 10.6 \text{ L/min} \tag{5-24}$$

$$\alpha = \frac{V_{O_2}}{V_{O_2} + V_{N_2}} \tag{5-25}$$

式中，V_{O_2} 为氧气流量（L/min）；V_{N_2} 为氮气流量（L/min）；α 为拟定的氧气体积分数（%）。

试样夹安在燃烧筒内，处于垂直状态。气体供应系统由氧气瓶、氮气瓶、压力表等组成。测定和控制系统由氧气流量计、氮气流量计（流量计最小刻度为 0.1 L/min）、气体混合器、稳压器、调节阀等组成。点火器是尖端内径为 1～3 mm 的喷嘴。

阻燃复合材料的尺寸为（70～150）mm×6.5 mm×3 mm。

4. 实验步骤

1）试样准备

按（70～150）mm×6.5 mm×3 mm 的尺寸加工试样，试样数量不少于 5 根。

实验前将试样放置在干燥器中平衡至少 24 h。试样中树脂固化度应大于 80%。

2）实验步骤

（1）实验在通风橱中进行，将试样垂直安装在试样夹上，使上端至筒顶距离不小于 100 mm，转动氧指数测定仪调节阀门，检查连接处是否漏气。根据经验判断初始氧浓度，如复合材料在空气中能燃烧的初始氧浓度设为 18% 左右，若在空气中不能燃烧则设置在 25% 以上，若测试使用阻燃配方的试样，初始氧浓度可选为 29% 左右。

（2）点火器的火焰长度为 15～25 mm。

（3）调节流量阀门，使流入燃烧筒的氧、氮混合气体达到所要求的初始氧浓度（由氧、氮流量计流量之比确定，如氧气流量值：氮气流量值＝3：9，则混合气体中的氧气浓度为 25%），然后调节调节阀使氧气流量和氮气流量之比保持不变。

（4）按照式（5-24）和式（5-25）计算出的氧浓度调好设备后，在燃烧筒内通 30 s 的气体，然后在试样上端点火，当试样上端确实点燃后，撤去火源，并马上开始计时，观察试样燃烧情况，包括炭化、熔融、弯曲、滴落、阴燃、火焰及烟雾大小、颜色、燃烧后分层及火焰分布均匀否等。火焰熄灭则停止计时。

（5）若试样燃烧时间大于 3 min，则降低氧浓度；若试样燃烧时间小于 3 min，则增加氧浓度。反复进行实验，测得使材料燃烧时间为 3 min 时的最低氧浓度，燃烧 3 min 以上和以下的两种氧浓度之差应小于 0.5%。燃烧过程中混合气体流量不能变，也不能打开抽风机。

（6）断开气体，通风换气后关闭通风橱。

5. 实验结果

（1）将试样的长、宽、厚及实验中的初始氧浓度等数据记录在表 5-11 中并进行数据处理。

表 5-11 氧指数测定数据记录及计算

试样材料：_____　　　设备名称：_____

设备型号：_____　　　生产厂家：_____

序号	试样尺寸长×宽×厚/mm³	初始氧浓度/%	氧指数/%	其他现象
1				
2				

（续表）

序号	试样尺寸长×宽×厚/mm³	初始氧浓度/%	氧指数/%	其他现象
3				
4				
5				
平均				

（2）按照式(5-23)计算氧指数，并记录在表 5-11 中。

（3）记录实验过程中出现的其他现象并说明测定氧指数的影响因素。

实验 16.3　水平燃烧法测定塑料燃烧性能

1. 实验目的

（1）掌握在水平自支撑条件下测量塑料试样燃烧性能的方法。

（2）理解该方法测试结果作为着火危险性判据的局限性。

2. 实验原理

水平燃烧实验是水平夹住试样一端，对试样自由端施加规定的气体火焰，通过测量线性燃烧速度（水平法）或有焰熬烧及无焰搬烧时间（垂直法）等指标来评价试样的燃烧性能。水平燃烧实验与垂直燃烧实验并列反映试样水平放置时的燃烧性能。由于着火的意外性和多样性，水平燃烧实验方法只能作为比较使用。

水平燃烧法用于测定半硬质及硬质塑料小试样与小火焰接触时的相对燃烧特性，可以用来检测聚合物基复合材料试样的燃烧特性。

3. 实验仪器和设备

燃烧箱或通风橱、实验夹、本生灯、秒表、游标卡尺、天然气/煤气/液化石油气、复合材料试样。

实验装置如图 5-13 所示，本生灯内径为 9.5 mm，实验时本生灯向上倾斜 45°，并有进退装置。实验用燃气为天然气、液化石油气或煤气。

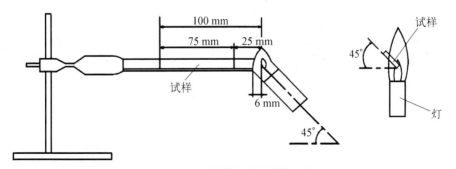

图 5-13　水平燃烧法实验装置示意图

复合材料试样尺寸为 125 mm×13 mm×3 mm，也可采用厚度为 2～13 mm 的试样进行实验。但是相同厚度试样的实验结果才能比较。试样表面应平整、光滑，无气泡、飞边、毛刺等缺陷,每组测试 5 个试样。

4. 实验步骤

1) 试样准备

取阻燃和不阻燃玻璃纤维织物增强不饱和聚醛树脂手糊平板,按 125 mm×13 mm×3 mm 的尺寸加工试样,用铅笔标明序号,以免混淆。每种试样至少准备 5 片,将试样放入标准状态或干燥器中平衡至少 24 h。

2) 试样标注

在试样的宽面上距点火端 25 mm 和 100 mm 处分别画一条标线作为参照点。

3) 试样固定

将试样一端固定在铁支架上,另一端悬臂。调整试样使其横截面轴线与水平面成 45°,然后将试样移入通风橱中,实验时不开通风机,实验完毕后再抽风换气。试样下方放置一个水盘。

4) 点火

在远离试样约 450 mm 处点着本生灯,当灯管在垂直位置时调节火焰长度为 25 mm 并呈蓝色,将灯倾斜 45°,移近试样,将火焰内核的尖端放置在试样自由端下沿,使自由端约 6 mm 试样受到火焰端部的作用,并开始用秒表计时,保证施加火焰的时间为 30 s,在此期间不得移动本生灯位置。但在实验中若不到 30 s 时试样燃烧的火焰前沿已达到第一条标线处,此刻应立即停止施加火焰。

5) 观察

施加火焰 30 s 后立即移开本生灯,继续观察试样状态,并作如下观察记录:

① 2 s 内有无可见火焰;② 如果试样继续燃烧,则记录火焰前沿从第一标线到第二标线所需的时间 t。两标线间的距离除以时间 t 即为燃烧速度 v(mm/min);③ 如果火焰到达第二标线前熄灭,记录燃烧长度 L_s,即从第二标线到未燃部分的最短距离,精确到 1 mm。④ 其他现象,如熔融、卷曲、结炭、滴落、滴落物是否燃烧等。

5. 实验结果

(1) 将观察到的现象、测得的燃烧时间和计算的燃烧速度等记录在表 5-12 中。

表 5-12　水平燃烧法数据记录及计算

试样材料:＿＿＿＿＿＿＿＿　　设备名称:＿＿＿＿＿＿＿＿
设备型号:＿＿＿＿＿＿＿＿　　生产厂家:＿＿＿＿＿＿＿＿

序号	2 s 内有无可见火焰	第一标线到第二标线所需的时间 t/min	第一标线到第二标线的距离/mm	燃烧速度 v/(mm/min)	燃烧长度 L_s/mm	其他现象
1						
2						
3						
4						
5						
平均值						

（2）比较厚度、密度、方向、放置形式、环境温度、湿度、熔融滴落物等对燃烧性能的影响。

（3）根据实验结果探讨改进实验的方法。

6. 注意事项

按点燃后的燃烧行为，材料的燃烧性能可以分为四级（符号中的 FH 表示水平燃烧）：

（1）FH-1，即火源撤离后，火焰即灭或燃烧前沿未达 25 mm 标线。

（2）FH-2，即火源撤离后，燃烧前沿越过 25 mm 标线，但未达到 100 mm 标线。在此级中，应把烧损长度写进分级标志中。如当 $L_S = 60$ mm 时，记为 FH-2-60 mm。

（3）FH-3，即火源撤离后，燃烧前沿越过 100 mm 标线，对于厚度为 3～13 mm 的试样，燃烧速度 $v \leqslant 40$ mm/min；对于厚度小于 3 mm 的试样，燃烧速度 $v \leqslant 75$ mm/min。在此级中，应把燃烧速度写到分级标志中。例如，FH-3 $v \leqslant 40$ mm/min。

（4）FH-4，即除了线性燃烧速度大于上述规定值以外，其余都与 FH-3 相同，在此级中也要把燃烧速度写进分级标志中。例如，FH-4-60 mm/min。

以五个试样中数字最大的类别作为材料的评定结果，并报告最大的燃烧长度或燃烧速度。实验报告还应包括试样的制备方法、尺寸、预处理情况，以及其他实验现象，如熔融、卷曲、结炭、滴落、滴落物是否燃烧等。

7. 思考题

（1）试说明复合材料试样的树脂含量、树脂固化度和试样形状等因素如何影响复合材料燃烧性能。

（2）为什么在国标中均注明"本标准仅适用于评定本标准规定条件下材料的燃烧性能，但不能评定实际使用条件下的着火危险性"？

（3）取 5 片相同材料的试样，不按规定状态燃烧，观察燃烧现象，从而判断规定的标准条件哪些重要，哪些次要。

（4）树脂基复合材料优良的阻燃性能取决于哪些因素？在实际应用中应如何提高它的阻燃性能？有的复合材料中掺有氯化物，在着火时放出有毒且呛人的气体，对消防人员救火很不利，请结合燃烧过程提出减少有害气体产生的复合材料阻燃设计方案。

实验 17　复合材料加速老化实验

1. 实验目的

（1）加深对树脂基复合材料在大气环境中老化现象的认识。

（2）学习正确分析老化实验结果。

（3）掌握加速老化实验的设计和操作要点。

2. 实验原理

自然光、热、氧气、水蒸气、风沙、微生物等的侵蚀都会引起材料表面和内部的损伤和破坏，且随时间延长，最终使它失去使用价值，这个过程称为老化或风化。复合材料尤其是树脂基复合材料的老化在某些地区相当严重。通常采用加速老化方法来估算某一复合材料制品的使用寿命。所谓"加速"有两种方法：一是加大光照、氧气、水蒸气等的作用量；二是提高温度。实际上，很多加速老化实验同时兼有两种"加速"方式，用较少时间的实验推算出较长时间的使用效果。但是，目前各地气候条件不尽相同，到底加速老化与自然老化之间的换算关系如何，没有统一规定。

因为弯曲实验中材料受力复杂,可以较好地反映老化过程中性能的变化,所以,选定复合材料弯曲强度为检测老化程度的判定指标。但在实验中也可根据实际需要而选定别的性能指标,例如,巴氏硬度就是既实用又简便的检测指标。

本实验中包括两部分内容:室外自然老化实验和室内加速老化实验。

3. 实验仪器及原材料

加速老化实验箱、万能试验机、三点弯曲装置、室外老化试样架、复合材料试样。

试样:按照实验 10 的方法制备若干块厚度基本相同的层压板,按实验 13.2 中弯曲实验的试样尺寸加工试样,实验的数量 m 按下式计算:

$$m = c \times 5 + n \tag{5-26}$$

式中,c 为总的抽样次数;n 为备用数。

4. 实验步骤

1) 试样初始性能测试

取 5 个试样在标准条件下测定起始平均弯曲强度 $\bar{\sigma}_0$、标准差 S_0 和离散系数 C_0,并观察外观情况。

2) 室外自然老化

将 5 组 25 个试样及备用试样放在房顶上按当地纬度倾斜角朝南暴露在室外自然老化,每月取一次试样,用标准实验条件测定平均弯曲强度 $\bar{\sigma}_1'$、标准差 S_1'、离散系数 C_1',直至测量到 $\bar{\sigma}_5'$、S_5'、C_5',将这些数据作为自然老化系列数据。

3) 蒸馏水中老化

将 5 组 25 个备用试样浸没于蒸馏水中,放于室内室温下,每月取一次样品并测量其平均弯曲强度、标准差和离散系数,记为 $\bar{\sigma}_1^0$、S_1^0、C_1^0, …, $\bar{\sigma}_5^0$、S_5^0、C_5^0,将这些数据作为室温蒸馏水中老化系列数据。

4) 蒸馏水煮沸老化

取一个直径为 22 cm 的高压锅,在盖上打一孔,装上水冷凝器,取走高压安全阀,装一温度计,在锅内底上放一个不锈钢丝网,将足够的试样排成♯字形置于锅内,使蒸馏水浸没试样,然后盖上锅盖,放于可调电炉上加热至沸腾,冷凝器通凉水冷却,保持沸腾和回流,锅内温度为 100℃。每隔 8 h 取一次样,测弯曲强度,得到一组实验数据 σ_1^n、S_1^n、C_1^n, …, $\bar{\sigma}_5^n$、S_5^n、C_5^n,将这些数据作为加速水浸老化系列数据。

5) 人工气候箱老化

取足够量的试样放于人工气候箱中,适当提高温度,延长人造日光的照射时间,定时降雨,每间隔一定时间取一次样,测定弯曲强度,可以得到一系列的加速人工气候实验数据 $\bar{\sigma}_1$、S_1、C_1, …, $\bar{\sigma}_n$、S_n、C_n。

6) 其他老化

有条件的实验室还可以采用别的加速老化实验方法。

5. 实验结果

(1) 将测得的复合材料老化前后的弯曲力学性能记录在表 5-13 中并进行数据处理。

(2) 对各加速老化条件下测得的平均弯曲强度、标准差、离散系数进行比较、分析,并与

$\overline{\sigma}_0$、S_0 以及 C_0 进行对比。

表 5 - 13　老化实验数据记录样表

试样名称：＿＿＿＿＿＿＿＿＿＿

序号	1	2	3	4	5
$\overline{\sigma}_0$					
S_0					
C_0					
$\overline{\sigma}_1'$					
S_1'					
C_1'					
……					
$\overline{\sigma}_5'$					
S_5'					
C_5'					

注：表格根据实验数据自行扩展。

6. 思考题

（1）从沸水煮泡加速实验结果分析，此种方法是否可以作为树脂基复合材料耐水、防潮性能的配方和新品种性能研究的筛选方法？这种方法有哪些不足？如何完善？

（2）各种实验中除 σ 随时间变化外，S 和 C 的变化也有一定规律，它们各说明什么现象？

（3）在老化初期，弯曲强度有所提高，该现象说明了什么问题？

实验 18　复合材料耐腐蚀性实验

1. 实验目的

（1）掌握材料耐腐蚀性测验方法及操作要点。

（2）熟悉评价材料耐腐蚀性的方法。

2. 实验原理

复合材料耐腐蚀性是指当材料处于酸、碱、盐等溶液或有机溶剂中时，抵抗这些化学介质对其腐蚀破坏作用的能力。

同等质量玻璃纤维的表面积比块状玻璃的表面积大得多，它抵御酸、碱、盐及有机溶剂侵蚀的能力也比整块玻璃或玻璃容器低很多。树脂是由不同原子通过化学键连接起来的，对不同的化学介质表现出的抗腐蚀能力也不同。

按腐蚀的本质或机理来分析，腐蚀可分为化学腐蚀、电化学腐蚀和物理腐蚀等。化学腐蚀是指物质之间发生了化学反应，物质分子发生了变化；电化学腐蚀是发生了电化学过程而导致的腐蚀;物理腐蚀是指物理因素引起的腐蚀,物质分子不变。复合材料及其制品在与化学介质接触时发生腐蚀的机理很复杂,但主要还是上述这三类腐蚀方式,究竟以哪一类腐蚀为主,不能一概而论。一般的腐蚀过程大概为:当复合材料与化学介质接触时,化学介质中的活性离子、分子或基团通过纤维或树脂的界面、小孔隙、树脂分子间空隙向复合材料内部渗透、扩散,在温度和时间作用下,它们就从材料表面转移到内部,与树脂和纤维中的活性结构点反应,逐渐地改变树脂和纤维的本来面目。同时材料内部的杂质等也可形成小微电池而在电解质溶液中发生电化学反应。溶解、溶胀等作用使树脂与纤维界面破坏,或使树脂分子链断裂。这些过程是无时无刻不在进行的,这个过程累积的结果就是材料被腐蚀,最终导致材料的破坏。

可以根据所处环境的不同选择制备复合材料的纤维和树脂,且复合材料成型工艺简单,所以,其在各种腐蚀环境下得到了广泛的应用。随着工业的发展,迫切需要耐多种化学药品腐蚀和使用寿命更长的复合材料。因此,掌握耐化学腐蚀性能的实验和评价方法对研究和使用耐腐蚀材料十分必要。目前,GB3857—1987规定了复合材料耐化学药品性能实验方法,本实验就是按照该标准设计的。实验的重点是学习实验方法和操作要点。

一般来说,在相同条件下,哪种材料的外观、巴氏硬度、弯曲强度变化小,则其在该条件下的耐腐蚀性能越好;反之亦然。

3. 实验仪器及设备

广口玻璃容器(如介质为强碱性,则用低压聚乙烯广口容器),供室温条件下实验用;配有回流冷凝器的广口玻璃容器,供加温实验用;恒温槽,控温精度为±2℃;巴氏硬度计;分析天平;万能试验机及三点弯曲实验装置。

4. 实验步骤

1) 试样制备

(1) 选取层压板,按弯曲实验的标准试样尺寸(80 mm × 15 mm × 4 mm)制备试样。试样表面平整,有光泽,不应有气泡、裂纹,无缺胶漏丝。

试样总数 N 可按下式计算:

$$N = nsTI + n \tag{5-27}$$

式中,n 为每次实验的试样数,最少5个;s 为试样介质种类数;T 为实验温度的组数;I 为实验期龄数(一种实验的取样次数)。

(2) 将每一个试样用常温固化环氧树脂封边,然后将试样分别编号。

2) 测初始值

测定试样未腐蚀之前的弯曲强度 σ_0、巴氏硬度 B_0、试样原始质量 m_0,并记录其外观状态。

3) 配制腐蚀性化学介质

(1) 配制浓度为30%的硫酸溶液,注意配制时将硫酸沿玻璃棒缓慢倒入水中,不应倒反。

(2) 配制浓度为10%的氢氧化钠溶液。

(3) 也可按实际需要配制其他化学介质。

4) 选定实验条件和程序

(1) 实验温度:室温和80℃。

(2) 实验期龄(实验中可参考如下国标规定):常温为1天、15天、30天、90天、180天、360天;80℃条件下为1天、3天、7天、14天、21天、28天。

5) 实验过程

(1) 将试样浸没在化学介质中,注意试样不靠容器壁,如试样表面附有小气泡,应用一毛刷将其抹去。常温条件下的实验应马上开始计时,并记录介质初始颜色。高温条件下的实验应将浸入介质的试样置于恒温槽中,当容器中介质达到 80℃ 时开始计时,并在冷凝器中通入冷却水。

(2) 用不锈钢镊子按期龄取样,测定性能:

① 观察并记录试样外观和介质的外观。

② 用自来水冲洗试样 10 min,然后用滤纸将水吸干,将试样放入干燥器中处理 30 min,随后马上测定巴氏硬度,注意应在试样的两端测巴氏硬度,避开中间区域,以免影响弯曲性能的测量,然后马上按编号称量试样质量 m_i。

③ 将试样封装在塑料袋中,并在 48 h 内测定弯曲强度 σ_i。每次从取样到性能测定的时间应保持一致。

(3) 如发现试样起泡、分层等严重腐蚀破坏现象,则终止实验,并记录终止时的时间;如只是个别的试样被破坏,则继续进行实验,记录试样破坏状态和破坏试样的数量。

(4) 定期用原始浓度的新鲜介质更换实验中的变色介质。常温实验按 30 天、90 天、180天更换;80℃ 下的试验按 7 天、14 天、21 天更换。

6) 后续处理

实验结束后处理好实验介质,将其倒入废酸罐或废碱罐中。

5. 实验结果

(1) 将实验过程中测得的质量、巴氏硬度、弯曲强度等数据记录在表 5-14 中。

(2) 绘制不同介质、不同温度条件下试样巴氏硬度随实验期龄的变化曲线。

(3) 绘制不同介质和不同温度条件下试样质量随实验期龄的变化规律曲线。

(4) 按下式计算不同介质和不同温度下各期龄的弯曲强度变化率 $\Delta\sigma_i$(精确到三位有效数字),并绘制 $\Delta\sigma_i$ 随实验期龄变化的曲线。

$$\Delta\sigma_i = \frac{\sigma_i - \sigma_0}{\sigma_0} \times 100\%$$

表 5-14　耐腐蚀实验数据记录

试样名称:＿＿＿＿＿＿＿　　　　介质:＿＿＿＿＿＿＿　　　　试验温度:＿＿＿＿＿＿＿

		实　　验　　期　　龄				
		初　始				
质　量	1					
	2					
	3					
	4					
	5					
	平均值					

(续表)

		实　验　期　龄				
		初　始				
巴氏硬度	1					
	2					
	3					
	4					
	5					
	平均值					
弯曲强度	1					
	2					
	3					
	4					
	5					
	平均值					
外　观	—					

6. 思考题

(1) 试样封边与不封边将会对实验产生什么影响?

(2) 试样品质起始阶段有明显上升,然后下降,请简述这一现象的实质。

(3) 简述复合材料耐化学腐蚀与加速老化实验有何异同之处。

实验 19　弯曲负载热变形温度的测定

1. 目的要求

(1) 测试复合材料热变形性能。

(2) 掌握 ZWK-3 型热变形仪的测试原理及操作方法。

2. 实验原理

当试样浸在一种等速升温的液体传热介质中,在简支梁式的静弯曲负荷作用下,试样弯曲变形达到规定值时的温度为热变形温度。

试样放在跨度为 l 的两支座上,在跨度中间施加质量 P,则试样的弯曲应力为

$$\sigma = \frac{3Pl}{2bh^2} \tag{5-28}$$

式中,σ 为试样弯曲正应力(kg/cm²);P 为在跨度中间施加在试样上的质量(kg);l 为两支点间跨距(cm);b 为试样宽度(cm);h 为试样高度(cm)。

由上式可知,只要根据试样的宽度和高度,就可计算出需加在简支梁中点的负载 P:

$$P = \frac{2\sigma b h^2}{3l} \tag{5-29}$$

但 P 是总负载,它还包括负载杆和压头的质量以及变形测量装置的附加力,故实际加载的质量应按下式计算:

$$W = P - R - F \tag{5-30}$$

式中,W 为实际加载质量(kg);P 为计算加载质量(kg);R 为负载杆及压头的质量(kg);F 为变形测量装置的附加质量(kg)。

接着应当确定试样在一定负载下,产生的最大变形值,即终点挠度值。试样的最大变形量完全取决于试样的高度,当试样高度变化时,其最大变形量也发生变化,试样高度与相应的最大变形量关系如表 5 - 15 所示。

表 5 - 15　试样高度变化时相应的变形量

试样高度/mm	相应变形量/mm	试样高度/mm	相应变形量/mm
9.8～9.9	0.33	12.4～12.7	0.26
10.0～10.3	0.32	12.8～13.2	0.25
10.4～10.6	0.31	13.3～13.7	0.24
10.7～10.9	0.30	13.8～14.1	0.23
11.0～11.4	0.29	14.2～14.6	0.22
11.5～11.9	0.28	14.7～15.0	0.21
12.0～12.3	0.27		

3. 实验设备和材料

(1) ZWK - 3 型热变形仪。加热箱体包括电热装置、自动等速升温系统、液体介质存放浴槽和搅拌器等。浴槽内盛放温度范围合适和对试样无影响的液体传热介质,一般选用室温时黏度较低的硅油、变压器油、液体石蜡或乙二醇等。加热箱体的结构应保证实验期间传热介质以 (12 ± 1)℃/6 min 的速度等速升温。

实验架是用来施加负载并测量试样形变的一种装置,它的结构如图 5 - 14 所示。实验架除包括图 5 - 14 所示的构件外,还包括搅拌器和冷却装置。负载由一组大小合适的砝码组成,加载后能使试样产生的最大弯曲正应力为 18.5 kg/cm² 或 4.6 kg/cm²。负载杆压头的质量及变形测量装置的附加力视为负载中的一部分,应计入总负载中。

变形测量装置的精度为 0.01 mm。

(2) 增强纤维热塑性聚合物。试样应是截面为矩形的长条,其尺寸为:长度 $L = 120$ mm,高度 $h = 10$ mm,宽度 $b = 6$ mm。试样表面应平整光滑,无气

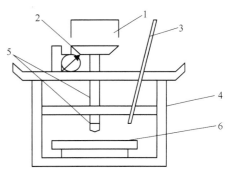

1—砝码;2—百分表;3—温度计;4—支架;
5—负载杆及压头;6—试样。

图 5 - 14　实验架

泡,无锯切痕迹、凹痕或飞边等缺陷,每组试样至少两个。

4. 实验步骤

(1) 将试样对称地放在试样支座上,高度为 10 mm 的一面垂直放置,放下负载杆,将试样压住。

(2) 保温浴槽内传热介质的起始温度与室温相同,如果经证明试样在较高的起始温度下也不影响实验结果,则可提高起始温度。

(3) 测量试样中点附近的高度 h 和宽度 b,精确至 0.05 mm,并按式(5-29)和式(5-30)计算实际应加的砝码质量。

(4) 把装好试样的支架下降到浴槽内,试样应位于液面 35 mm 以下,加入步骤(3)中计算所得的砝码,使试样产生所要求的最大弯曲正应力(18.5 kg/cm² 或 4.6 kg/cm²)。

(5) 5 min 后再调节变形测量装置,使之示数为零。

(6) 将仪器的升温速度调节为 120℃/h。

(7) 开启仪器进行实验,当试样中点弯曲变形量达到设定值后,仪器自动停止运行。

(8) 实验结束后先将冷却水打开,使导热介质迅速冷却以备再次实验。最后切断外电源。

5. 实验结果处理

按软件要求进行数据处理,并制作实验报告。

6. 思考题

(1) 测定复合材料弯曲负载热变形温度有何意义?

(2) 试说明如何确定试样的终点挠度值。

第6章
基于学科竞赛的"三创"实验

实验 20 复合材料模型的设计与制作

1. 实验目的
（1）掌握根据性能要求设计模型的方法。
（2）熟悉原材料的切割与剪裁。
（3）学会根据需要选择合适的成型方法。
（4）熟悉模型的制作方法和工艺。

2. 模型要求
1）超轻复合材料桥梁模型
（1）桥梁几何形状。

桥梁的最小尺寸为：长 600 mm，宽 100 mm（见图 6-1）。桥梁路面宽度为 90 mm，且路面要平整、连续且不透明，必须能够承受一辆宽为 90 mm、长为 100 mm、高为 75 mm 的"小车"连续运动（见图 6-2）。该车质量为 5 kg，必须保证它能从桥的一头运动到另一头且不能损坏桥梁的桥面。桥梁可以是拱形的，但是桥面上"拱"的垂直高度变化不能超过 50 mm，整个桥

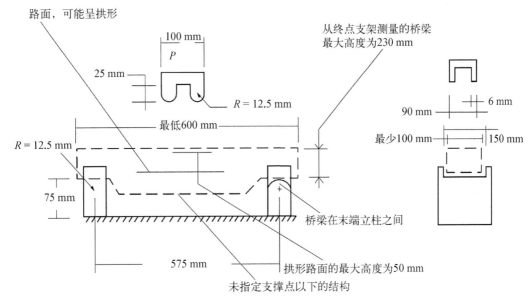

图 6-1 桥梁测试加载示意图

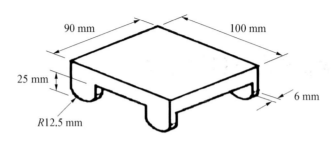

图 6-2 负荷小车等容线示意图

梁的净高度不能超过 120 mm。

为了配合测试端柱,桥梁任一结构的宽度不能超过 150 mm,桥梁中间必须无障碍,以便测试仪器杆和"小车"可以定位施载。桥面支撑点以下不允许有任何结构,必须有一个足够宽阔的空间容小船通过。桥梁跨距的中点或者四分点处不允许设置支撑柱。最后,由于要测试垂直载荷的大小,端柱不能承受任何水平力,不能使用氦气来达到人为减重的目的。

(2) 桥梁测试。

测试时在桥梁跨距中点机械施载(加载速度为 5 mm/min),桥梁形变量(挠度)由十字头移动位移测定。最大载荷 P 为破坏时机械施载或者十字头变形达到 25 mm 时的载荷,在两者之间取最先出现的值。

(3) 桥梁评价。

桥梁载荷不小于 13 kN 时,按照桥梁所能承受的质量对其依次排名。

2) 超轻复合材料机翼模型

(1) 机翼几何形状。

机翼由具有锥形截面的左右两部分及翼梢小翼组成,尺寸约为 4 英寸×36 英寸(1 英寸 = 25.4 mm),具体如图 6-3 所示。图中给出了机翼截面形状的最大情况。机翼的左右两部分完全一样,翼梢小翼在两端对称分布。机翼的上下表面均为平面,组合后下表面为平面,上表面则不必为平面。不允许有超出最大机翼剖面(见图 6-4)的结构存在。

(2) 机翼测试。

机翼的测试方法为将扭矩施加在翼梢小翼上,同时在全部机翼结构上(3 点弯曲模式)施加中心载荷。当有载荷 P 作用时(加载速度为 5 mm/min),最大允许挠度(形变)为 2.0 英寸,通过跨距中心(即载荷点)十字头的移动位移测量。注意,当没有载荷 P 和扭矩施加在翼梢小翼上时,十字头的位置记为 0,2.0 英寸就是相对于该 0 位置计算的。机翼将支撑在 23 英寸的跨度上(与桥梁支撑相同)。中心载荷通过一个宽为 1.0 英寸的接箍逐渐施加在机翼的中心部位,此过程接箍不旋转,只有垂直移动。在该载荷施加前,每个翼梢小翼将被施加一个 4.5 N·m 的力矩。当施加载荷时,该力矩保持不变。最大载荷 P 定义为十字头形变为 2 英寸过程中的最大载荷或者失效时的施载,两者取较小值。没有水平作用力直接作用在机翼夹具或者载荷接箍上。翼梢小翼失效定义为翼梢小翼载荷小球的作用点距离其最初所在的水平面下降了 6 英寸。

(3) 机翼评价。

机翼载荷大于 11 kN 时,按照机翼所能承受的质量对其依次排名。

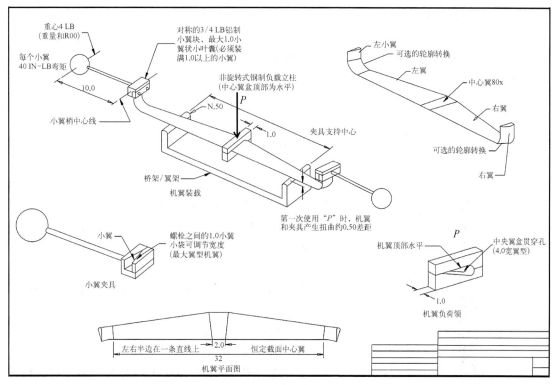

图 6－3　机翼测试加载示意图(单位：英寸)

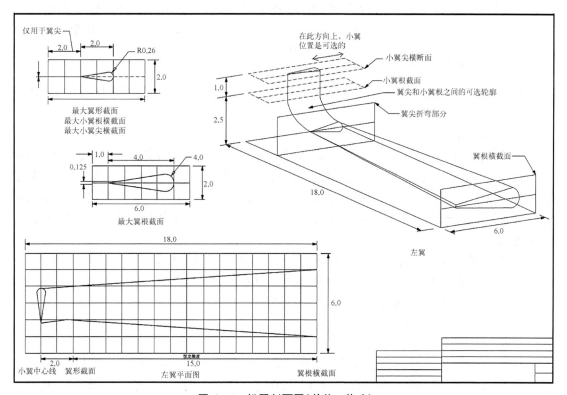

图 6－4　机翼剖面图(单位：英寸)

3) 轻稳之柱模型

(1) 轻稳之柱几何形状。

柱的长度必须不小于 780 mm,柱的截面形状不限(可以是矩形、工字型、圆形等),但截面外接圆最大直径必须不大于 50 mm。为便于放置试样,要求模型两端必须是平行平面并标出两平面的几何中心。

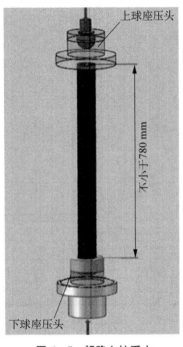

图 6-5　轻稳之柱受力

(2) 轻稳之柱测试。

加载测试在万能试验机上进行,该试验机上下两端为铰支球座平面压头。模型垂直立于下球座平台上方,上球座压头与立柱上端面接触加载,以 2 mm/min 的加载速率施加压力,当载荷下降为最大载荷峰值的 30% 时结束测试,或施加载荷超过设计载荷 65 kN 以上时结束测试(加载受力见图 6-5)。

(3) 轻稳之柱评价。

柱的设计载荷不小于 65 kN 时,按照柱所能承受的质量对其依次排名。

4) 超轻复合材料压缩弹簧

(1) 弹簧的几何形状。

弹簧的外形结构不限,可以是碟形弹簧、环形弹簧、板弹簧或螺旋弹簧等,只要满足作用力与反作用力同轴,没有附加弯矩或扭矩的各种结构都可以。弹簧的外形尺寸要求:长、宽、高应控制在 150 mm×150 mm×250 mm 矩形柱的棱廓包络线范围内。

(2) 弹簧测试。

为了实施压缩加载,弹簧上下两端面应相互平行且能较好地接触试验机,作品尺寸范围和加载方式如图 6-6 所示。

(3) 弹簧评价。

① 弹簧能处于正常工作状态的定义为:弹簧在承载过程中必须处于工作状态,即在承载过程中不会因为弹簧部件之间发生接触等原因而导致弹簧的刚度突变而使其承载能力大幅增加,弹簧的刚度保持稳定;弹簧具有良好的形变恢复能力,在测试结束以后,弹簧长、宽、高的尺寸较测试前变化均不超过 10 mm。若弹簧不符合上述两点要求,则视为无法正常工作,作品判定为无效。

② 弹簧的设计最大载荷大于 3 000 N,最大载荷条件下不发生破坏。

③ 弹簧的设计工作形变不小于 60 mm(不是极限形变)。

④ 在达到上述性能要求的情况下,弹簧越轻越好。

5) 超轻复合材料吸能柱

(1) 吸能柱外形要求。

使用单向碳纤维预浸料,精心设计,制作完成一件管状复合材料吸能柱。吸能柱的外形需控制在 100 mm×100 mm×80 mm 矩形柱的棱廓包络线范围内。为了能稳定地加载,吸能柱的两端必须是平行平面,且吸能柱的高度统一为 80 mm(最大误差不得超过 1 mm)。

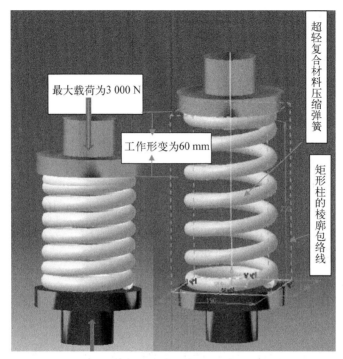

图 6-6　弹簧加载示意图

（2）吸能柱性能要求。

① 吸能柱出现稳定的压溃变形,不得出现整体欧拉失稳的情况。

② 峰值载荷不得低于 80 kN,不得高于 120 kN,经过峰值载荷后,最小载荷不得低于 25 kN,形变位移达到 50 mm。

（3）吸能柱测试。

加载测试在万能试验机上进行,模型垂直立于平台上方,压头与吸能柱上端面接触加载,以 5 mm/min 的加载速率施加荷至位移达到 10 mm,随后以 8 mm/min 的加载速率加载,位移达到 50 mm 时停止加载,结束测试。加载平台、压头和吸能柱的放置方式如图 6-7 所示。

（4）吸能柱评价。

在吸能柱满足外形和性能要求的前提下,对载荷-位移曲线进行积分,获得吸收的能量,该能量与制品质量的比值为比吸能(单位为 J/g,保留一位小数),以比吸能的高低为依据对吸能柱依次排序。

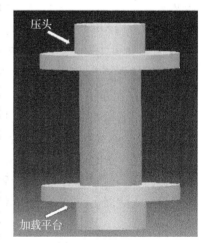

图 6-7　吸能柱加载示意图

3. 实验仪器及原料

仪器:干燥箱、切割机、模具、真空辅助成型设备、剪刀、钢尺、米尺、游标卡尺、砂纸等。

原料:单向碳纤维环氧树脂预浸料、PMI 泡沫。

4. 实验步骤

（1）选定模型形状,确定尺寸。

（2）分析模型受力情况。

（3）按力学性能要求指标确定纤维铺层的方法，并计算铺层数。

（4）加工芯材、剪裁纤维预浸料。材料切割与剪裁过程中，规范操作，注意安全。

（5）制作模具，根据需要选择成型方法及工艺。

（6）固化成型。

（7）模型后加工及检验。

5. 实验记录

（1）将造型图纸展示在实验报告中。

（2）记录材料加工过程并展示相关图片。

（3）展示模型成品图片，并测量、记录模型性能。

6. 思考题

（1）如何设计一个好的模型？

（2）模型制作过程中如何提高界面处黏接性能？

实验 21　线性酚醛树脂的制备

1. 实验目的

（1）了解反应物的配比和反应条件对酚醛树脂结构的影响，合成线性酚醛树脂。

（2）掌握不同预聚体的交联方法。

2. 实验原理

酚醛树脂由苯酚和甲醛聚合得到。强碱催化的聚合产物为甲阶酚醛树脂，甲醛与苯酚物质的量比为 $1.2 \sim 3.0 : 1$。甲醛为 $36\% \sim 50\%$ 的水溶液，催化剂为 $1\% \sim 5\%$ 的 NaOH 或 $Ca(OH)_2$，在 $80 \sim 95 \, ^\circ\!C$ 的条件下加热反应 3 h，就得到了预聚物。为了防止反应过度和凝胶化，要真空快速脱水。预聚物为固体或液体，相对分子质量一般为 $500 \sim 5\,000$，呈微酸性，其水溶性与相对分子质量与其组成有关。交联反应常在 $180 \, ^\circ\!C$ 下进行，并且交联和预聚物合成的化学反应是相同的。

线性酚醛树脂由甲醛和苯酚以 $0.75 \sim 0.85 : 1$ 的物质的量比聚合得到，常以草酸或硫酸为催化剂，加热回流 $2 \sim 4$ h，聚合反应就可以完成。催化剂的用量为每 100 份苯酚加 $1 \sim 2$ 份草酸或不足 1 份的硫酸。由于加入甲醛的量少，只能生成低相对分子质量的线性聚合物。反应混合物在高温脱水、冷却后粉碎，混入 $5\% \sim 15\%$ 的六亚甲基四胺，加热后迅速发生交联。本实验采用酸催化，其反应方程式如下：

酚醛树脂塑料是第一个商品化的人工合成聚合物，具有高强度、尺寸稳定性好、抗冲击、抗蠕变、抗溶剂和耐湿气等优点。大多数酚醛树脂都需要加增强材料，通用级酚醛树脂常用黏土、矿物质粉和短纤维来增强，工程级酚醛树脂则要用玻璃纤维、石墨及聚四氟乙烯来增强，使用温度可达 $150 \sim 170 \, ^\circ\!C$。酚醛聚合物可作为黏合剂应用于胶合板、纤维板和砂轮中，还可作为涂料,如酚醛清漆。含有酚醛树脂的复合材料可以用来制作航空飞行器,还可以做成开关、插座及机壳等。

本实验在草酸存在的条件下进行苯酚和甲醛的聚合,甲醛量相对不足,从而得到线性酚醛树脂。线性酚醛树脂可作为合成环氧树脂的原料,与环氧氯丙烷反应获得酚醛多环树脂,也可以作为环氧树脂的交联剂。

3. 实验仪器和化学试剂

仪器设备:三颈瓶、冷凝管、机械搅拌器、温度计。

化学试剂:苯酚、甲醛水溶液、草酸、六亚甲基四胺。

实验装置如图 6-8 所示。

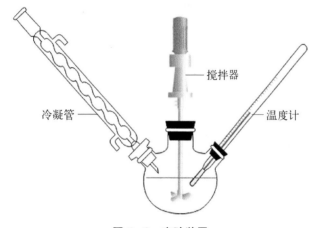

图 6-8　实验装置

4. 实验步骤

(1) 向图 6-8 中所示的三口瓶中加入 18.5 g 苯酚(0.207 mol,14.7 mL),13.8 g 37% 的甲醛水溶液(0.169 mol,13 mL),2.5 mL 蒸馏水以及 0.3 g 水合草酸。

(2) 水浴加热,慢慢升温到 90℃ 左右,并开动搅拌,反应混合物回流 1~1.5 h。

(3) 将三口瓶中反应液倒入装有 90 mL 蒸馏水的烧杯中,搅拌均匀后静置,冷却至室温,分离去除水层。

(4) 称取 0.5 g 六亚甲基四胺粉末,加入上述步骤所得的糊状产物中,充分搅拌,观察产物的黏性变化。

5. 实验结果

记录实验过程中的实验现象、线性酚醛树脂的产量及产率等数据。

6. 实验注意事项

(1) 苯酚和甲醛都是有毒物质,在量取和实验的过程中都必须严格遵守实验操作步骤,以防中毒或腐蚀皮肤。

(2) 由于甲醛和苯酚都有一定的毒性,因此反应应在通风橱中进行。

(3) 苯酚在空气中容易被氧化,从而影响实验产品的颜色,因此在量取苯酚和将其加入三口瓶的过程中,应迅速操作并及时将试剂瓶密封。

(4) 实验时应该把原料加完后再加热,以保证在达到较高温度时,原料有足够的时间溶解并混合搅拌均匀。

(5) 最后得到的产品应放到指定的地方,不应倒入下水道,避免由于黏性造成水管堵塞。

7. 思考题

(1) 本次实验的影响因素有哪些?

(2) 环氧树脂能否作为线性酚醛树脂的交联剂,为什么?

(3) 线性酚醛树脂和甲阶酚醛树脂在结构上有什么差异?

(4) 反应结束后,加入 90 mL 蒸馏水的目的是什么?

(5) 在酸性和碱性条件下酚醛树脂的合成机理有什么区别?

实验 22　不饱和聚酯树脂的制备

1. 实验目的

(1) 掌握不饱和聚酯树脂的制备原理及合成方法。

(2) 考察原料种类和配比对产品性能的影响。

(3) 掌握不饱和聚酯树脂的固化特征。

2. 实验原理

大分子链中含多个酯键的聚合物称为聚酯。按化学结构不同,聚酯树脂一般可分为两大类,其中不饱和聚酯树脂的结构中部分原子间以双键相连,在进一步加工过程中,分子中的双键可参与化学反应,一般由可溶的线型结构转变为不溶的体型结构,所以呈现热固性。

不饱和聚酯树脂通常指不饱和二元酸(或酸酐)(如顺丁烯二酸、反丁烯二酸、二烯类物质与顺酐的加成物等)、饱和二元酸与二元醇三者之间的缩聚产物,当其与乙烯基单体(最常用的为苯乙烯)按一定比例混合,在有机过氧化物引发剂(如过氧化苯甲酰)存在下即可发生共聚反应而交联,由线型结构转化为体型结构,加入促进剂(如叔胺)可使固化反应在常温下进行。通过改变缩聚反应中所用的二元酸、二元醇及乙烯基单体的品种和配比,可使树脂的性能在广阔的范围内变动,以赋予产品不同的性能及用途。

本实验相关的方程式如下所示。

3. 实验仪器与试剂

主要仪器:三口烧瓶、烧杯、量筒、温度计(量程为 300℃)、冷凝管、可调式电加热套、50 mL 碱式滴定管、250 mL 锥形瓶、台式天平。

试剂:顺丁烯二酸酐(化学纯)、邻苯二甲酸酐(化学纯)、丙二醇(化学纯)。

4. 实验步骤

（1）如图 6-9 所示安装实验仪器。

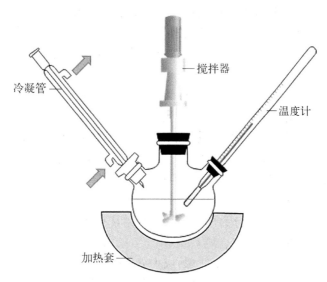

图 6-9　制备不饱和树脂的仪器安装示意图

（2）在干燥的三口烧瓶中，依次加入 16.5 g 顺丁烯二酸酐、25 g 邻苯二甲酸酐以及 28.25 g 丙二醇。

（3）缓慢加热，同时在直型冷凝管内通冷却水，使烧瓶内液体温度在 15 min 内升温到 80℃，充分搅拌，再用 45 min 将温度升到 160℃。

（4）之后用 1 h 将温度升到 190～200℃，并在此温度下维持反应 1 h，直至烧瓶中的液体变黏且能拉成细丝，停止加热，将树脂冷却至 95℃左右。

（5）将废液倒入废液桶，收拾并整理仪器。

5. 实验结果

记录实验过程中的实验现象、不饱和聚酯树脂的产量及产率等数据。

6. 思考题

（1）为什么反应物的温度不能达到 190℃以上？

（2）实验结束时发现冷凝管中有结晶物质，为什么？

（3）随着反应的进行，反应物的黏度为什么会越来越大？

实验 23　环氧树脂的制备与改性

实验 23.1　双酚 A 型环氧树脂的制备与固化

1. 实验目的

（1）了解环氧树脂及其制备过程，熟悉双酚 A 型环氧树脂的实验室制法及固化过程。

（2）了解环氧树脂的生成原理、结构以及应用。

2. 实验原理

环氧树脂是指分子中至少含有两个反应性环氧基团的树脂化合物。环氧树脂经固化后有许多突出的优异性能,如对各种材料特别是对金属的附着力很强,有卓越的耐化学腐蚀性,力学强度很高,电绝缘性好,等等。此外,环氧树脂可以在相当宽的温度范围内固化,而且固化时体积收缩很小。环氧树脂的上述优异特性使它有着许多非常重要的用途,广泛用于制备黏合剂(万能胶)、涂料以及复合材料等。

环氧树脂的种类繁多,为了区别,常在环氧树脂的前面加上不同单体的名称,如二酚基丙烷(简称双酚 A)环氧树脂(由双酚 A 和环氧氯丙烷制得),甘油环氧树脂(由甘油和环氧氯丙烷制得),丁烯环氧树脂(由聚丁二烯氧化而得),环戊二烯环氧树脂(由二环戊二烯环氧化制得)。此外,对于同一类型的环氧树脂也根据它们的黏度和环氧值的不同而分成不同的牌号,因此它们的性能和用途也有所差异。目前应用最广泛的是双酚 A 型环氧树脂,通常所说的环氧树脂就是双酚 A 型环氧树脂。

合成环氧树脂的方法大致可分为两类。一类是用含有环氧基团的化合物(如环氧氯丙烷)或经化学处理后能生成环氧基的化合物(如 1,3-二氯丙醇)和二元以上的酚(醇)聚合而得。另一类是使含有双键的聚合物(如聚丁二烯)或小分子(如二环戊二烯)环氧化而得。

双酚 A 型环氧树脂是环氧树脂中产量最大、使用最广的一个品种,它是由双酚 A 和环氧氯丙烷在氢氧化钠存在下反应生成的:

$$(n+1)\text{HO}\text{—}\phi\text{—}\underset{\text{CH}_3}{\overset{\text{CH}_3}{\text{C}}}\text{—}\phi\text{—OH} + (n+2)\text{H}_2\text{C}\overset{\text{O}}{\diagup\diagdown}\text{CH—CH}_2\text{Cl} \xrightarrow{(n+2)\text{NaOH}}$$

$$\text{H}_2\text{C}\overset{\text{O}}{\diagup\diagdown}\text{CH—CH}_2\text{O}\text{—}\phi\text{—}\underset{\text{CH}_3}{\overset{\text{CH}_3}{\text{C}}}\text{—}\phi\text{—O—CH}_2\text{—}\underset{\text{OH}}{\text{CH}}\text{—CH}_2\text{O}\text{—}\Big]_n$$

$$\phi\text{—}\underset{\text{CH}_3}{\overset{\text{CH}_3}{\text{C}}}\text{—}\phi\text{—O—CH}_2\text{—}\overset{\text{H}}{\underset{}{\text{C}}}\overset{\text{O}}{\diagup\diagdown}\text{CH}_2$$

式中,n 一般为 0~25。根据相对分子质量的大小,环氧树脂可以分成各种型号。一般低相对分子质量环氧树脂 n 的平均值小于 2,软化点低于 50℃,也称为软环氧树脂;中等相对分子质量环氧树脂的 n 值在 2~5 之间,软化点在 50~95℃之间;而 n 大于 5 的树脂(软化点在 100℃以上)称为高分子量树脂。相对分子质量对软化点的影响如图 6-10 所示。在我国,相对分子质量为 370 的产品称为环氧 618,而环氧 6101 的相对分子质量为 450~500。生产中树脂相对分子质量的大小往往是靠环氧氯丙烷与双酚 A 的用量来控制的,制备环氧 618 时这一配比为 10,而制环氧 6101 时该配比为 3。

在环氧树脂的结构中有羟基(—OH)、醚基(—O—)和极为活泼的环氧基。羟基、醚基有高度的极性,使环氧分子与相邻界面产生了较强的分子间作用力,而环氧基团则与介质表面,特别是金属表面上的游离键反应形成化学键。因而,环氧树脂具有很高的黏合力,用途很广,商业上称作"万能胶"。此外,环氧树脂还应用在涂料、层压材料、浇铸、浸渍及模具等制备中。

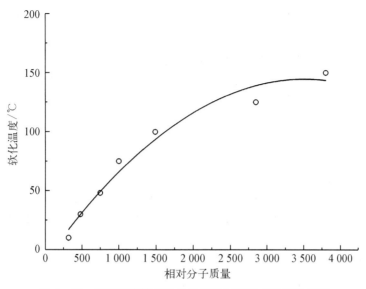

图 6-10　环氧树脂的相对分子质量对软化点温度的影响

但是,环氧树脂在未固化前是热塑性的线型结构,使用时必须加入固化剂,固化剂与环氧树脂的环氧基等反应,变成网状结构的大分子,成为不溶的热固性产品。

环氧树脂在固化前相对分子质量都不高,只有通过固化才能形成体型高分子。环氧树脂的固化要借助固化剂。固化剂的种类很多,主要有多元胺和多元酸,它们的分子中都含有活泼氢原子,其中用得最多的是液态多元胺类,如二亚乙基三胺和乙二胺等。环氧树脂在室温下固化时还常常需要加些促进剂如多元硫醇,以达到快速固化的目的。固化剂的选择与环氧树脂的固化温度有关,通常在常温下固化时用多元胺和多元酰胺等,而在较高温度下固化时选用酸酐和多元酸等为固化剂。

固化剂种类很多,不同固化剂的交联反应也不同。现以室温下就能固化的乙二胺为例来说明其反应过程,反应式为:

乙二胺的用量按下式计算:

$$m = \frac{M}{n} \times E = 15E$$

式中,m 为每 100 g 环氧树脂所需乙二胺的量(g);M 为乙二胺的相对分子质量(60);n 为乙二胺分子中活泼氢的总数(4);E 为环氧树脂的环氧值。

实际使用量一般比理论计算值要高 10% 左右。固化剂用量对成品的机械性能影响很大，必须控制恰当。

固化剂的用量通常由树脂的环氧值以及所用固化剂的种类来决定。环氧值是指每 100 g 树脂中所含环氧基的物质的量。应当把树脂的环氧值和环氧摩尔质量区别开来，两者关系如下：

$$环氧值 = \frac{100}{环氧摩尔质量}$$

式中，环氧摩尔质量为含 1 mol 环氧基时树脂的质量(g)。

本实验中制备环氧 618 或 6101 时以乙二胺为固化剂。乙二胺分子中没有活泼氢原子，它的作用是将环氧键打开，生成氧负离子，氧负离子再打开另一个环氧键，如此反应下去，达到交联固化的目的。

3. 实验仪器与试剂

实验仪器：回流装置、减压装置、搅拌器等。

实验试剂：双酚 A、环氧氯丙烷、丙酮、乙二胺、氢氧化钠等。

4. 实验步骤

1）双酚 A 环氧树脂的制备

(1) 在 500 mL 三口瓶上装好搅拌器、冷凝管和温度计。向三口瓶中加入 11.4 g (0.05 mol)双酚 A，46.5 g(0.5 mol) 环氧氯丙烷以及 0.25～0.5 mL 蒸馏水①。

(2) 称取 4.1 g(0.11 mol)NaOH，先加入 1/10 的 NaOH② 并开动搅拌，缓慢加热至 80～90℃，反应过程放热并有白色物质(NaCl)生成。

(3) 维持反应温度在 90℃，约 10 min 后再加入 1/10 的 NaOH，以后每隔 10 min 加一次 NaOH，每次加入量为 NaOH 总量的 1/10，直至将 4.1 g NaOH 全部加完。继续反应 25 min 后结束。此时产物为浅黄色。

(4) 将反应液过滤除去副产物 NaCl，减压条件下蒸馏去除过量的环氧氯丙烷(回收) (60～70℃)。

(5) 停止蒸馏，将剩余物趁热倒入小烧杯中，得到淡黄色、透明、黏稠的环氧 618 树脂，称量产量。

2）环氧树脂的固化

(1) 在 50 mL 小烧杯中加入 5 g 上述环氧 618 树脂，再加入 0.5 g(树脂的 10%)乙二胺，边加边搅拌搅匀。

(2) 将 2.5 g 树脂倒入一干燥的小试管或其他小容器(如瓶子的内盖)中，将其放置在 40℃水浴条件下反应 2 h，观察结果。

3）环氧树脂的表征

在得到的环氧树脂中加入光谱纯溴化钾，研磨后，进行红外测试，对谱图数据进行分析，确定主要环氧特征峰。

---

① 在双酚 A 环氧树脂的制备中，开始滴加要慢些，环氧氯丙烷开环是放热反应，反应液温度会自动升高。

② 盐酸-丙酮法是测定环氧值的最常用方法之一。盐酸-丙酮溶液的配制：取 1 单位体积的盐酸(AR)，加入 40 单位体积的丙酮(AR)中，摇匀后置于贴有相应标签的试剂瓶中，加盖待用。

4) 用环氧树脂黏合纸片

用一玻璃棒将环氧树脂均匀涂于纸条一端,涂抹面积约为 $1~cm^2$,涂层厚度约为 $0.2~mm$,不宜过厚。将另一纸条轻轻贴上,小心固定,在室温下放置 48 h 后观测实验结果。(将该纸片贴在实验报告上)

5) 环氧树脂环氧值的计算

环氧值是环氧树脂的重要性能指标,可用来鉴定环氧树脂的质量或计算固化剂的用量。

采用盐酸丙酮法测定环氧树脂的环氧值:用锥形瓶称取 0.482 g 的环氧树脂,准确吸取 15 mL 的盐酸丙酮溶液加入锥形瓶中,静置 1 h,然后加入两滴酚酞指示剂,用 0.1 mol/L 的标准 NaOH 溶液进行滴定至粉红色,且 30 s 内不褪色。记录所消耗 NaOH 的体积 V_2。同时,按上述条件进行空白实验,记录所消耗 NaOH 的体积 V_1,则环氧值为

$$E = \frac{(V_1 - V_2)C_{NaOH}}{m} \times \frac{100}{1\,000}$$

式中,C_{NaOH} 为 NaOH 的浓度(mol/L);m 为环氧树脂的质量(g)。

5. 实验结果

记录实验现象及所制备的环氧树脂的环氧值。

6. 思考题

(1) 实验中 NaOH 分步加入反应体系中的好处是什么? 为什么不将 NaOH 一次加完?

(2) 下面有三个黏合剂配方,试比较各配方的特点。

配方 1:100 份环氧 618(又称 E-51)树脂,20 份邻苯二酸二丁酯,100 份 Al_2O_3(300 目),8 份乙二胺。固化条件为:25℃下固化 48 h,80℃下固化 2~3 h。黏结铝的室温剪切强度可达到 $180~kg/cm^2$。

配方 2:100 份环氧 618 树脂,100 份低分子量聚酰胺,40 份石英粉(200 目)。固化条件为:室温下固化 3 天,80℃下固化 3 h。黏结铝的室温剪切强度可达 $250~kg/cm^2$。

配方 3:100 份环氧 618 树脂,6 份双氰胺,40 份石英粉(200 目)。固化条件为:150℃下固化 4 h(或 180℃下固化 2 h)。黏铝片的剪切强度可达 $200~kg/cm^2$ 以上。此配方所用双氰胺是高温固化剂,所以此配方在室温下可保存 6 个月不固化。双氰胺因此又称为"潜伏"型固化剂。

(3) 写出使用二元酸、二元酸酐、多元胺、二异氰酸酯以及酚醛树脂为固化剂时环氧树脂的固化反应。

实验 23.2　环氧树脂的改性

1. 实验目的

(1) 学会用正交设计表对改性剂的种类和用量进行筛选。

(2) 熟悉环氧树脂的改性方法和操作要点。

2. 实验原理

将环氧树脂和固化剂两种组分混合均匀后加热固化,但是仅此两组分所得到的环氧树脂的工艺性能和最终的材料性能不一定能满足实际应用的需要。为了使有限的环氧树脂

和固化剂品种能满足较多要求的实际用途,就需要对环氧树脂进行改性。改性的目的包括增加材料的韧性、增加耐热性、改善制备工艺和降低成本等。实践证明,改性是可行的,也是必要的。

研究阻燃技术的目的在于探讨一定条件下各种阻燃剂对有机材料燃烧性能的影响,以期有效地降低有机材料的可燃性。研究表明,将阻燃剂按一定比例混合在有机材料中可有效改变有机材料的可燃性。文献中推荐的阻燃剂有数百种,这些化合物中起阻燃作用的元素为卤素、磷、硼、氮、铝等。锑没有阻燃性,但它与卤素有良好的协同效应,磷与卤素也有很好的协同效应。常用的阻燃物质有氢氧化铝或水合氧化铝、氢氧化镁、硼砂、硼酸锌、三(氯乙基)磷酸酯、磷酸三(2,3-二溴丙基)酯、磷酸三(2,3-二氯丙基)酯、十溴苯醚、溴甲苯、氯化石蜡和三氧化二锑。

冲击韧性与弯曲模量是两个含义相反的物理量。脆性材料的弯曲模量高,韧性材料弯曲模量低。环氧树脂浇注体往往比较脆,但改进冲击韧性又会损失弯曲模量。一个改进方法是使弯曲模量损失较小而冲击韧性有较大提高。

3. 实验仪器和设备

(1) 性能测试仪,如热变形温度测定仪、马丁耐热仪、冲击实验机、层间剪切实验装置等。

(2) 改性混合装备。

4. 实验步骤

1) 配方改性

选定一个基本配方,在此基本配方的基础上改进某些性能。如环氧树脂配方是一个行之有效的可浇注固化配方,配方为:100 g E-44;38 g 邻苯二甲酸酐;0.5 g 苄基二甲胺。

将树脂加热到 133~135℃,黏度变小,然后加入事先已研细的邻苯二甲酸酐(熔点为 129~133℃),待全部熔化、搅拌均匀后再加入苄基二甲胺,搅匀后马上浇注成试样;紧接着将浇注试样移入烘箱中,调水平,再将温度调为 135℃,保持 3 h;然后升温到 160℃,保持恒温 1.5 h;最后试样随炉冷却、脱模,再放入干燥器中处理至少 24 h,待用。

2) 改进耐热性能

取 100 份 E-44 环氧树脂和 20 份双马来酰亚胺在 130℃下混合反应 1 h,然后加入 38 份邻苯二甲酸酐混合均匀,再加入 0.5 份苄基二甲胺搅拌均匀后马上浇注成热变形试样。同时将磨具移入烘箱中,在 135℃下固化 3 h,然后升温到 160℃固化 1.5 h,最后试样随炉冷却,脱模后放入干燥器中处理 24 h,再测量热变形温度,并与基本配方比较。

3) 改进阻燃性能

(1) 选择一个合适的正交实验表。

(2) 确定影响阻燃性能的因素及各因素的水平。

(3) 确定评定改性效果的指标,如阻燃性和冲击韧性综合性,建议材料具有自熄的阻燃性能而冲击韧性又不至于太低。

(4) 将 100 份环氧树脂 E-44、38 份邻苯二甲酸酐在 133~135℃下混合后,加入阻燃剂,混匀后再加入苄基二甲胺,搅拌均匀后马上浇注成试样,再按上述温度-时间程序固化。

(5) 对基本配方试样与阻燃配方试样进行水平燃烧实验,确定铝、磷、硼、磷+溴、氧化锑+溴等元素的最低含量。

(6) 评定所选阻燃剂对环氧树脂阻燃效果以及冲击韧性的影响。

4）改进冲击韧性

（1）选择端羧基丁腈橡胶、丁腈橡胶、尼龙 1010 或相对分子质量较小的（低熔点）尼龙 66 或醇溶性尼龙 6 等改性物，并分别取几个等级的用量。

（2）将上述所选物与 100 份环氧树脂 E - 44 在 200～220℃条件下混合均匀，然后迅速降温至 133℃，再加入 38 份邻苯二甲酸酐和 0.5 份苄基二甲胺，搅匀后马上浇注成试样，并用上述温度-时间程序固化。

（3）将上述试样与用基本配方所制试样进行冲击韧性实验和三点弯曲实验比较，确定改性剂的最佳用量。

5. 实验结果

记录各改进配方对树脂性能的影响。

附录

附录 A　黏度计参数选择

表 A-1　测定常用不饱和聚酯树脂黏度时，转筒(子)及转速的选用参数

黏　度	NDJ-8S 型旋转式黏度计		NDJ-1 型旋转式黏度计		NDJ-2 型旋转式黏度计	
	转筒(子)	转速/(r/min)	转筒(子)	转速/(r/min)	转筒(子)	转速/(r/min)
0.2～0.5 Pa·s	2 号	30	2 号	30	DN$_A$	11.5
0.6～0.9 Pa·s	2 号	12	2 号	12	DN$_A$	4.35
1～2 Pa·s	2 号	12	2 号	12	DN$_A$	11.5
2.1～4.0 Pa·s	2 号	6	2 号	6	DN$_A$	4.35

表 A-2　NDJ-8S 型旋转式黏度计量程

转子	黏　度　上　限			
	转速为 60 r/min	转速为 30 r/min	转速为 12 r/min	转速为 6 r/min
0	10	20	50	100
1	100	200	500	1 000
2	500	1 000	2 500	5 000
3	2 000	4 000	10 000	20 000
4	10 000	20 000	50 000	100 000

附录 B　标准氢氧化钾溶液浓度的校验

1. 概述

本附录建议一种校验标准氢氧化钾浓度的常规方法以确保其不含碳酸盐。

如果所测得的浓度与其起始浓度相同，那么该氢氧化钾溶液可用于酸值的测定。

如果所测得的浓度与其起始浓度的差异大于 2%，那么该氢氧化钾溶液应丢弃或者在计算酸值时考虑其精确的浓度。

2. 试剂

去离子水、邻苯二甲酸氢钾。

3. 仪器

分析天平、滴定管、锥形瓶。

4. 操作步骤

在 250 mL 锥形瓶内称取约 700 mg 邻苯二甲酸氢钾（精确到 0.1 mg），将其溶解在 50 mL 的水中。加入至少 5 滴溴百里香酚蓝。使用 50 mL 滴定管用氢氧化钾溶液滴定至终点（颜色保持蓝色 20～30 s）。记录所有 KOH 溶液的体积数 V。

5. 浓度计算

计算氢氧化钾乙醇溶液的浓度 C(mol/L)：

$$C = \frac{m}{VM} \tag{B-1}$$

式中，m 为邻苯二甲酸氢钾的质量(mg)；V 为氢氧化钾溶液的体积(mL)；M 为邻苯二甲酸氢钾的摩尔质量，值为 204.23 g/mol。